Dra. Teresa Franquesa Codinach

CAMBIO CLIMÁTICO Y ECOANSIEDAD

De la preocupación
a la **acción**

OBERON

Diseño de cubierta

Goyo Rodríguez

Dirección creativa

Celia Antón Santos

Responsable editorial

Eva Margarita García

Valentín Beato, 21. 28037 Madrid
Depósito legal: M.4126-2024
ISBN: 978-84-415-4985-2
Printed in Spain

PAPEL DE FIBRA CERTIFICADA

«Lo que haces marca la diferencia y tienes que decidir qué tipo de diferencia quieres marcar».

Jane Goodall

ÍNDICE

INTRODUCCIÓN

Si has abierto este libro es probable que sientas inquietud ante el cambio climático y otras amenazas ambientales, o que te preocupe que algunas personas de tu entorno sufran este malestar.

Si tienes ecoansiedad o la padece una persona querida, tengo un mensaje importante para ti: sentir ecoansiedad es normal. Es una respuesta normal a una situación anormal.

Es comprensible sentir inquietud por el estado del mundo, dado el alcance de los desafíos a los que nos enfrentamos. Preocuparse por las consecuencias del cambio climático es totalmente lógico. Angustiarse por las personas que más sufren la situación muestra tu profundo sentido de empatía. Sentir duelo por la pérdida de especies y paisajes habla de tu sensibilidad. Es humano tener miedo ante la incertidumbre. Lo es sentirse impotente frente a la magnitud de los problemas; también enfadarse cuando sientes que falla la acción adecuada para abordarlos.

La ecoansiedad es una respuesta emocional que cada vez más personas, adultos y jóvenes, experimentamos a medida que aumenta la conciencia sobre los impactos negativos de las actividades humanas sobre el medio ambiente.

Nuestra reacción ansiosa ante los conflictos ambientales no es una enfermedad, pero puede causarnos malestar y alterar nuestra vida cotidiana. Ahí es cuando debemos regularla. No podemos dejar que afecte negativamente a nuestra salud física, nuestra salud mental y nuestro bienestar general. No debemos tolerar que nos impida disfrutar activamente de nuestra vida, de nuestras relaciones y del maravilloso mundo que nos rodea. Estar bien es esencial para poder desarrollar plenamente nuestra vida y también porque nuestra energía es imprescindible para contribuir a solventar los problemas que afrontamos como humanidad.

Tenemos maneras de hacer frente a la ecoansiedad. Con un mejor conocimiento de lo que nos pasa y de por qué nos pasa, con autocuidado, con acompañamiento (¡no estamos solos!), explorando qué podemos hacer y con quién podemos sumar nuestras fuerzas para contribuir a las soluciones, pasando a la acción.

En lugar de dejar que la ecoansiedad nos consuma, podemos abordarla de frente y escuchar su llamada para encontrar formas fructíferas de responder al desafío.

Las páginas que siguen quieren ayudarte a entender mejor los problemas que afrontamos y a mirar la ansiedad ecológica cara a cara, interpretarla, sostenerla y convertirla en una fuerza útil para cuidar de nuestra casa común cuidando de nosotros mismos.

¡Ojalá lo logren!

Capítulo 1

ECOANSIEDAD: DE QUÉ HABLAMOS

- Elena ha sido madre recientemente y, desde que acuna a su pequeña, ha empezado a sentir una gran **preocupación** por el futuro, especialmente por su hija y por los bebés de su generación.
- A Daniel le cuesta dormir. Da vueltas en la cama **angustiado** por las imágenes de la gente que ha perdido la casa arrasada por las inundaciones.
- Héctor se ha peleado otra vez con su padre. Está muy **enfadado** con él porque se burla del cambio climático y no lo toma en serio. Además, se siente **frustrado** porque no consigue hacerle cambiar de actitud, por más que lo intenta.
- En su cuenta de Instagram, Rita habla de los cambios que observa y de su **miedo** por lo que pueda suceder. En invierno no hubo nieve, en primavera sufrimos una larga sequía, el verano ha traído varias olas de calor con temperaturas récord, el agua del mar está más caliente que nunca y la playa se encuentra llena de medusas… ¿Que más va a pasar? Se siente muy **insegura** ante tanta incertidumbre.
- Amir está todo el día pegado al móvil, deslizando pantallas con imágenes desoladoras, constantemente preocupado por los efectos del calentamiento global. Ni ganas de comer tiene. Se nota débil e irritable y ayer llegó a tener **taquicardia** y sudor frío.
- Toni es profesor de secundaria. Se da cuenta de la ecoansiedad que sienten sus alumnos y le **preocupa** el estado de ánimo depresivo de algunos de ellos. Piensa que se está subestimando el impacto de estas emociones en la **salud mental** de los jóvenes.

- María solía hacer submarinismo, pero ya no se siente con ánimo. Le invade una **profunda tristeza** por la degradación de los fondos marinos, por la presencia de residuos que dañan a los animales, y especialmente por la muerte anunciada de los corales.
- En los bosques de su comarca están muriendo pinos y robles a causa de la sequía y Leo está pasando un verdadero **duelo** por la desaparición del paisaje que le ha visto crecer y que siente suyo.
- Fátima quiere hacer algo, pero no sabe ni qué, ni cómo, ni si será útil. Le **angustia** su **impotencia** ante la magnitud de los problemas.
- Julia se ha dado cuenta de que sabe más sobre el cambio climático que sus amigas, y esto la hace sentir responsable de que ellas se hagan también conscientes de la situación. Hay momentos en que vive esta responsabilidad como una carga **abrumadora**.
- Eric **se tortura** pensando que está contribuyendo al cambio climático en su vida diaria y que no está haciendo lo suficiente para mitigarlo.
- Eva piensa que sus acciones tienen poco impacto y culpa al sistema por el cambio climático. Se siente **indignada** contra los gobiernos y las grandes empresas y a menudo **desesperanzada** sobre la posibilidad de solución.
- Claudia se encuentra **paralizada**. Cada día lee nuevas informaciones contradictorias y ya no se aclara sobre qué acciones son beneficiosas o no para el medio ambiente. Vive **ansiosa** en el dilema y mientras tanto no hace nada.

La lista podría alargarse considerablemente. Quienes hablan en las redes sobre sus respuestas emocionales a la situación ambiental describen síntomas diversos y en distintas intensidades, desde la preocupación a los ataques de pánico, desde la irritabilidad a la rabia, desde la tristeza a la desesperanza. Las respuestas son distintas según las personas, pero es un hecho que las condiciones globales repercuten en nuestra psique y en nuestras vidas cotidianas.

La palabra **ecoansiedad** se ha popularizado en la última década para describir **las respuestas emocionales** relacionadas con la crisis ecológica, especialmente el cambio climático.

Se refiere a las **emociones difíciles** que muchas personas experimentamos al ser conscientes de los problemas ambientales, en particular de la **gravedad del cambio climático** y sus consecuencias para la humanidad.

No se trata de un trastorno, no es una patología. La realidad es inquietante y sentirnos perturbados por ella es normal.

Tenemos clara **conciencia** de que suceden hechos preocupantes, que a veces no acabamos de entender y ante los cuales a menudo no sabemos qué hacer. Son problemas que tienen profundas implicaciones para nuestra vida y es comprensible y razonable que, al hacernos conscientes de ello, experimentemos alguna forma de ecoansiedad. Puede ser **abrumador** pensar en estas amenazas y sentir que no se está haciendo lo suficiente para afrontarlas.

Muchas personas preocupadas por la degradación ambiental y el cambio climático compartimos inquietudes similares en todo el mundo. La ecoansiedad puede manifestarse en una **amplia gama de emociones incómodas**. También puede alterar nuestro **bienestar general** y aumentar nuestro nivel de **estrés**, a veces, incluso **afectando a nuestro sueño o nuestro apetito**.

La ecoansiedad afecta a personas de **todas las edades**, aunque es especialmente relevante para los jóvenes, quienes sienten que deberán enfrentar las consecuencias más graves del cambio climático y la degradación ambiental a lo largo de sus vidas.

Investigación pionera

En 2021, un equipo de investigadores liderados por Caroline Hickman, profesora de Psicología Climática en la Universidad de Bath, llevó a cabo la primera investigación a gran escala sobre la ansiedad climática en jóvenes. La encuesta, realizada a través de la plataforma Kantar, abarcó a 10 000 jóvenes de entre 16 y 25 años en diez países: Australia, Brasil, Finlandia, Francia, India, Nigeria, Filipinas, Portugal, Reino Unido y EE. UU.

Los resultados del estudio revelaron que la ansiedad climática y la insatisfacción con las respuestas gubernamentales son ampliamente prevalentes entre los jóvenes. En todos los países encuestados, el 59 % de los participantes expresó una preocupación muy alta por el cambio climático y el 25 % una preocupación moderada. Más del 50 % informó experimentar emociones como tristeza, ansiedad, enfado, impotencia y culpa. Además, más del 45 % indicó que sus sentimientos sobre el cambio climático tenían un impacto negativo en su vida diaria. Asimismo, el 83 % de los encuestados expresó la opinión de que la humanidad ha fallado en el cuidado del planeta.

El artículo, publicado en *The Lancet*, tuvo una gran repercusión en los medios de comunicación y contribuyó a divulgar ampliamente el concepto de ecoansiedad.

Capítulo 2

UNA ALERTA OPORTUNA. LA CRISIS CLIMÁTICA Y SU IMPACTO

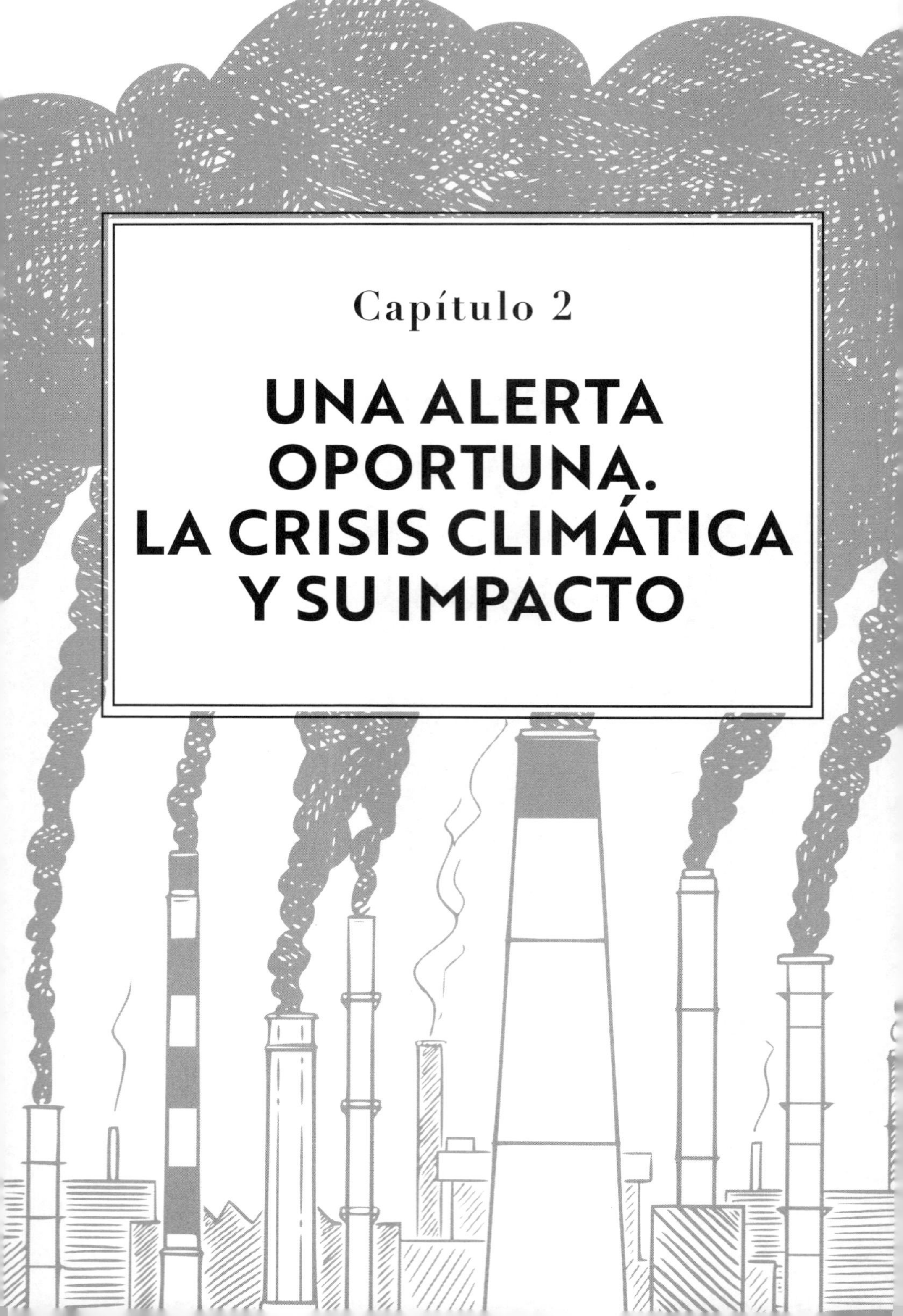

Ecoansiedad: he aquí un antipático cóctel de emociones difíciles que trastorna nuestro estado de ánimo y que puede llegar a afectar a nuestra salud.

Así es. Pero no nos confundamos. La ecoansiedad no es una enemiga. Es más bien una oportuna **mensajera**. Su función es advertirnos, de manera similar a como la fiebre nos avisa de una infección: «¡Cuidado! Algo anda mal y requiere de tu atención».

La ecoansiedad está ahí para alertarnos y despertarnos frente a espinosas realidades que toca afrontar. Las emociones que nos incomodan y generan nuestra ecoansiedad **actúan de alarma**. Con distintos acentos y matices, todas ellas son llamadas que nos empujan a la acción: a tomar precauciones ante las amenazas ambientales y a hacer todo lo posible para frenar el cambio climático con urgencia.

Para entender qué nos pasa a ti y a mí, puede ser útil comprender mejor qué está sucediendo en el mundo en el que vivimos. La falta de ideas claras contribuye a menudo a nuestra confusión y angustia. Estar bien informados siempre ayuda, aunque la información sea dura, porque la realidad lo es.

El cambio climático

Hablamos de **cambio climático** porque la temperatura media de la Tierra está aumentando y este **calentamiento global** trae consigo una serie de cambios muy relevantes, que nos afectan a todos.

Las evidencias:

- **La temperatura global aumenta.** La temperatura media de la superficie del planeta ha aumentado más de 1 °C desde finales del siglo XIX.
- **El océano se calienta.** Sobre todo en las aguas más superficiales, pero se detectan aumentos de temperatura hasta 2000 m de profundidad.
- **El hielo marino ártico se reduce.** Tanto la extensión como el espesor se han reducido en las últimas décadas.
- **El hielo se encoge en las tierras polares.** Se pierden cientos de miles de millones de toneladas de hielo cada año en Groenlandia y en la Antártida.
- **Los glaciares retroceden**, las nevadas disminuyen y la nieve se funde antes en todo el mundo, incluyendo las grandes montañas del Himalaya, los Andes y los Alpes.
- **El nivel del mar asciende.** Ya ha subido alrededor de 20 centímetros en el último siglo.
- **Los fenómenos extremos aumentan.** Oleadas de calor, tormentas, huracanes, sequías...

Conviene entender qué significa 1 °C de calentamiento global. Puede que hayas oído a alguien preguntarse por qué debería preocuparnos un grado de variación si, al fin y al cabo, la temperatura sube y baja varios grados cada día en el lugar donde vivimos. Cierto: las temperaturas locales cambian con el día y la noche, el invierno o el verano, el viento o la lluvia. Pero la temperatura global depende de la cantidad de energía que el planeta recibe del sol y de la cantidad que irradia de nuevo al espacio, cantidades que cambian muy poco. Un incremento de un grado en la temperatura global es muy importante: tengamos en cuenta que la diferencia de temperatura media de la Tierra entre un período glacial —cuando más de la mitad de Europa y Norteamérica estaba cubierta por capas de hielo de varios kilómetros de espesor— y un período interglacial normal es solo de unos 5 grados. Así que no se necesita gran variación de la temperatura media global para transformar completamente el planeta, que con pocos grados de diferencia puede quedar congelado o convertirse en un horno.

Vale la pena subrayar que la mayor parte de este calentamiento se ha producido en los últimos 40 años y que los años más recientes han sido los más cálidos. En la última década se han medido las temperaturas más cálidas en el océano desde el siglo XIX y los últimos años han batido todos los récords.

¿«Calentamiento global» o «cambio climático»?

A menudo, estos términos se utilizan indistintamente. Pero «calentamiento global» se refiere solo al aumento de la temperatura media de la Tierra, mientras que «cambio climático» engloba el calentamiento global, pero incluye también toda la gama de cambios que se están produciendo a consecuencia de este calentamiento, como alteraciones en la intensidad de la lluvia, huracanes y olas de calor.

Veamos más detalladamente estos cambios y las consecuencias que acarrean.

Riesgos para la salud y la vida

El cambio climático amenaza la salud y el bienestar humanos de muchas formas, desde el aumento de los fenómenos meteorológicos extremos y los incendios forestales, hasta la falta de agua y alimentos o la transmisión de enfermedades.

Mucho calor

Uno de los principales retos que debemos enfrentar con el cambio climático es el aumento de las olas de calor estival, con días de temperatura extrema y noches en las que se hace muy difícil descansar. El calor excesivo y sostenido no solo comporta malestar, sino que puede causar la muerte de los más vulnerables, como las personas mayores, las que están enfermas y los bebés, por un golpe de calor o por el empeoramiento de enfermedades respiratorias y cardíacas.

Huéspedes no invitados

El incremento de las temperaturas y las variaciones en la humedad pueden afectar a las poblaciones de diferentes tipos de mosquitos, pulgas y garrapatas que propagan virus patógenos. Con ello aumenta el riesgo de transmisión de enfermedades graves como la malaria, el dengue, la fiebre amarilla, la fiebre de Zika, la enfermedad del virus del Nilo Occidental o el chikungunya.

Un tiempo loco

Además de la subida de las temperaturas y la ampliación de los meses de calor, el cambio climático comporta también alteraciones en las lluvias, que se hacen más impredecibles. Algunas áreas pueden experimentar sequías que afecten a la disponibilidad de agua para los sistemas naturales y el consumo humano. Sin embargo, cuando el aire se calienta puede contener más humedad y las tormentas que se nutren de la humedad de la atmósfera se vuelven más intensas y destructivas. Igualmente, el calentamiento del océano proporciona energía para la formación y el fortalecimiento de los huracanes y ciclones tropicales. Por eso, aunque pueda parecer contradictorio, con el cambio climático aumenta tanto el riesgo de sequía como el riesgo de precipitaciones extremas e inundaciones con devastadoras consecuencias para las personas y las infraestructuras.

La sequía supone problemas de carencia de agua dulce, tanto para los cultivos como para el suministro de los pueblos y ciudades. Asimismo, afecta a los ecosistemas y crea condiciones propicias para los grandes fuegos forestales, con riesgo de perder vidas y bienes.

Cuando se producen **inundaciones** catastróficas, además de las personas que pierden la vida o resultan heridas, también se pueden extender enfermedades relacionadas con la calidad del agua y los alimentos. De forma similar, los grandes **incendios**, además de amenazar directamente la vida de las personas, causan contaminación del aire y empeoran las enfermedades respiratorias.

El artista islandés-danés Olafur Eliasson *ha abogado por el medio ambiente durante décadas utilizando esculturas y fotografías, entre otros medios. La imagen, tomada en Londres en diciembre de 2018, muestra su obra* **Ice Watch** *(Reloj de hielo), una instalación de bloques de hielo de Groenlandia en el exterior de la galería de arte Tate Modern.*

Alimentación y condiciones de vida

En caso de sequía severa, la afectación a los cultivos puede ser crítica. Actualmente el cambio climático está perjudicando ya la producción de **alimentos**. En muchos países, entre ellos los mediterráneos, es previsible que las oleadas de calor y la sequía limiten la productividad agraria y que las cosechas se vuelvan más inseguras dependiendo de tormentas, granizo y otros episodios extremos. La subida de las temperaturas también puede abonar la proliferación de insectos, plantas invasoras o enfermedades que perjudiquen a las cosechas. Esta inestabilidad va a empeorar las condiciones de vida de las poblaciones más vulnerables.

Crisis humanitarias

Las dificultades pueden obligar a cientos de millones de personas a abandonar su tierra y convertirse en **refugiados climáticos**. Sea por la sequía que les ha dejado sin agua o sin tierras para cultivar, o por las inundaciones que se han llevado su casa, actualmente ya son millones las personas obligadas a desplazarse dentro del mismo país o que intentan atravesar fronteras en busca de protección. El cambio climático puede generar grandes **crisis humanitarias**.

Consecuencias del deshielo

El aumento de las temperaturas comporta el deshielo de los glaciares de la Antártida y de Groenlandia y la fusión del hielo marino en el Ártico.

Desde que empezaron las medidas por satélite, hace 40 años, la superficie de hielo marino ártico que persiste durante el verano se ha reducido a la mitad. El grosor del hielo es más difícil de observar, pero, a partir de diversas medidas, los científicos estiman que se ha fundido la mayor parte del hielo más antiguo y grueso. El hielo joven y delgado, que se forma con relativa rapidez durante el invierno, no puede garantizar la estabilidad del sistema de hielo marino ártico, ya que desaparece el siguiente verano. Se calcula que en verano de 2050 el Ártico quedará libre de hielo.

En comparación con el Ártico, la Antártida responde con menor rapidez al cambio climático porque está rodeada de un gran océano y protegida por vientos que tienden a aislarla de las grandes intrusiones de aire cálido. Sin embargo, ha perdido miles de millones de toneladas de hielo.

Sucede en los polos, afecta a todo el planeta

La pérdida de hielo no solo tiene efectos en las regiones polares: los tiene en todo el mundo. El Ártico y la Antártida son la nevera de la Tierra. La nieve y el hielo reflejan calor hacia el espacio y equilibran otras partes del mundo que absorben calor. Menos hielo significa menos calor reflejado, es decir, oleadas de calor más intensas en todo el mundo. Por otra parte, se alteran las corrientes oceánicas, lo que puede modificar los patrones climáticos a nivel global y provocar fenómenos climáticos no previstos.

Deshielo de los glaciares montañosos

Las montañas del Himalaya son el tercer yacimiento de hielo y nieve más grande del mundo después de la Antártida y del Ártico, pero sus glaciares han perdido miles de millones de toneladas de hielo en los últimos veinte años. Los inviernos, más cálidos, se han vuelto también más húmedos, con mayor lluvia y menos nieve. Como consecuencia, la masa y la superficie de hielo se reducen y los glaciares y las laderas se desestabilizan.

En febrero de 2021, el desprendimiento de un nevero en el macizo de Nanda Devi, en el norte de la India, provocó la inundación de los valles a sus pies, barriendo presas, puentes y casas, y causó la muerte de 70 personas.

La retirada glacial se está produciendo en todas las montañas del mundo y, a largo plazo, supondrá la pérdida de la fuente de suministro de agua para beber, regar y obtener energía para miles de millones de personas. Pero lo más preocupante es la seguridad de quienes viven cerca, ya que las inundaciones catastróficas probablemente sean más frecuentes, tanto en el Himalaya como en los Andes, en las Rocosas o en los Alpes.

Permafrost: suelos que se hunden

También preocupa el deshielo de los suelos que estaban permanentemente congelados (**permafrost**) en el Ártico, partes de la Antártida y zonas de alta montaña. El hielo proporciona estabilidad al suelo y su descongelación provoca el colapso del terreno, desestabilizando carreteras y edificaciones y alterando drásticamente los ecosistemas locales. Además, cuando se suma la pérdida de hielo marino y la fusión del permafrost, las costas quedan expuestas a la fuerza de las olas y se erosionan rápidamente.

El deshielo y los cambios en el permafrost afectan de manera directa a las formas de vida de las **comunidades indígenas** en muchas regiones árticas. En el norte de Alaska y de Siberia hay comunidades costeras enteras que se están trasladando porque el lugar en el que vivían ya no es habitable. Tanto sus casas como su sistema de vida, basado en la caza y la pesca, se desmoronan.

> «El cambio climático significa pérdida de cultura, pérdida de tierra y pérdida de todo un pueblo para el que el Ártico ha sido su hogar durante miles de años».
>
> Eben W. Hopson, joven cineasta de Utqiagvik, Alaska.

Fauna polar en jaque

La pérdida de hielo marino ártico y la fusión del permafrost suponen problemas para osos polares, morsas, zorros árticos, búhos nivales, renos y muchas otras especies, ya que, a medida que el hielo disminuye, sus hábitats se hacen más pequeños y tienen menos acceso a su alimento. Además, la fauna invade las zonas habitadas y los animales salvajes y las personas entran a menudo en conflicto.

El deshielo afecta igualmente a la vida marina antártica, incluyendo a pingüinos, focas y krill, entre otros.

Sube el nivel del mar

El deshielo de las tierras polares (Groenlandia, Antártida) y de los glaciares montañosos tiene otra consecuencia muy importante: sube el nivel del mar. Y a la elevación debida al deshielo se añade la expansión de los océanos, ya que el agua más caliente es menos densa y, por tanto, ocupa un mayor volumen.

El nivel medio global del mar ha aumentado 20 centímetros desde 1900. Actualmente crece 3,7 milímetros de media por año: ¡esto puede parecer poco, pero suma rápido! Se calcula que en 2050 puede haber subido entre 25 y 30 cm más y es una tendencia que no se detendrá en miles de años.

¿Cómo se mide el nivel del mar? Desde 1992 se mide desde satélites. Antes se utilizaban mareógrafos, aparatos formados por un flotador acoplado a la pluma de un grabador que dibuja las variaciones en un gráfico. De hecho, los mareógrafos se siguen usando para obtener mayor precisión en las medidas y para calibrar los satélites.

El nivel del mar no cambia igual en todas partes. Depende de muchos factores locales, como los vientos y la circulación oceánica: por eso las medidas se toman globalmente y después se hace una media.

Islas y tierras litorales amenazadas

China, Bangladesh, India, Egipto, Países Bajos, Estados Unidos, Brasil, Australia, Nueva Zelanda y las islas del Pacífico se encuentran entre los países con mayor riesgo por la subida del nivel del mar. En Egipto la población se concentra a lo largo del río Nilo, donde algunas zonas se encuentran por debajo del nivel del mar, y en los Países Bajos la mitad de la población reside debajo de este nivel. Muchas ciudades grandes, como Shanghái, también se encuentran en riesgo. Tonga y otras islas del Pacífico están en peligro porque el nivel del mar está aumentando casi el doble de la media mundial.

En los lugares más vulnerables la subida del agua ya traga tierras costeras e incluso islas enteras. No se trata de predicciones para un lejano futuro: está sucediendo.

Islas Salomón es un país formado por seis islas principales y miles de islas pequeñas, cinco de las cuales ya han desaparecido bajo el agua. Aunque eran pequeñas, en todas ellas había vegetación y fauna y dos estaban habitadas. Otras seis islas han perdido buena parte de su superficie. En la isla de Nuatambu, por ejemplo, donde vivían 25 familias, el mar ha inundado la mitad de la superficie y se ha llevado once casas, por lo que la gente ha tenido que mudarse a zonas más elevadas o cambiar de isla.

Además, en muchos lugares del mundo, las mareas altas y las grandes oleadas de tormenta causan inundaciones cada vez más frecuentes en las costas.

Cambios en los océanos

Existe una estrecha relación entre los océanos y el clima: por un lado, los océanos influyen en el clima, a escala local y global, y por otro, los cambios en el clima alteran muchas de las propiedades de los océanos.

El agua del mar absorbe el calor y lo distribuye por la Tierra. A medida que el planeta se calienta, el agua recoge parte del calor adicional y su temperatura aumenta. Además de alterar los patrones climáticos y contribuir a la subida del nivel del mar, efectos que ya hemos comentado, el calentamiento del océano supone una amenaza para la vida marina.

Riesgos para la vida marina

El incremento de temperatura de las aguas afecta a la vida marina y, si el océano se calienta demasiado, existen organismos que no podrán sobrevivir. De hecho, los arrecifes de coral, un ecosistema riquísimo donde vive la cuarta parte de especies marinas del planeta, ya sufren las consecuencias del calentamiento. Estas exuberantes estructuras, tan bellas y abigarradas, repletas de algas, peces, moluscos y crustáceos, se convierten en esqueletos blanquecinos. Si las temperaturas siguen aumentando, corremos el riesgo de perder las innumerables especies que dependen de ellas, incluidas las tortugas marinas.

Además, el aumento de dióxido de carbono disuelto en los océanos hace que el agua marina sea más ácida y dificulta que algunos animales, como los corales y los mariscos, puedan construir sus esqueletos y caparazones de carbonato cálcico. Todo ello, junto con los cambios en la distribución y abundancia de las especies debido a la alteración de las corrientes oceánicas, repercute negativamente sobre la pesca y las poblaciones que viven de ella.

Obra del escultor, fotógrafo submarino y ambientalista Jason deCaires Taylor *en el Museo de Escultura Subacuática Ayia Napa de Chipre, en agosto de 2021.*

Efectos sobre la vegetación

El cambio climático influye de muchas formas sobre la vegetación.

El incremento de dióxido de carbono en la atmósfera activa el crecimiento de las plantas, pero, al mismo tiempo, el aumento de las temperaturas y los cambios en las lluvias afectan al crecimiento de la vegetación en sentido positivo o negativo, dependiendo de las zonas. La subida de las temperaturas prolonga la duración de la temporada de crecimiento de la vegetación en los lugares fríos, como las zonas boreales y la tundra, pero en lugares más calurosos, como los trópicos, puede acortarla.

Daños a las plantas

Aunque muchos árboles son resistentes a cierto grado de sequía, en algunas regiones los bosques pueden sufrir daños graves debido a la falta de agua y al calor extremo. Además, la sequedad aumenta el riesgo de incendio forestal, ya que los árboles y arbustos secos arden más fácilmente. Asimismo, reduce la capacidad de los árboles de producir savia, lo que los debilita.

Las tormentas también causan daños en los árboles. En muchos casos los bosques pueden recuperarse de una perturbación como un incendio, un temporal de viento o una defoliación causada por los insectos, pero no siempre son capaces de hacerlo.

Cambios en la distribución de las especies

El cambio climático modifica también las áreas geográficas de algunas especies. Es probable que los hábitats de algunos árboles y plantas se desplacen al norte o a zonas más altas. Otros estarán en riesgo: por ejemplo, las especies que actualmente solo viven en las cimas de las montañas pueden extinguirse a medida que el clima se calienta, ya que no pueden desplazarse a mayor altitud.

Se altera el calendario de las plantas

El momento de sacar hojas, flores y frutos está controlado por el clima, y el cambio climático está alterando el ritmo estacional del ciclo de vida de las plantas. Con el aumento progresivo de la temperatura se han observado alteraciones en el momento de floración y fructificación de las plantas en todo el mundo y cada año se adelantan más.

El festival de Sakura, que tiene lugar en Japón desde el siglo IX para celebrar los cerezos en flor, se ha anticipado debido al aumento de la temperatura.

La reactivación más temprana de las plantas alarga su período de actividad, pero también aumenta el riesgo de daños si hay heladas a finales de primavera.

Animales en peligro

El cambio climático representa una seria amenaza para muchos animales. Afecta a los diferentes grupos de diversas maneras, y supone un reto serio para la conservación de la biodiversidad.

Ya comentamos la problemática situación de la fauna polar debido al deshielo, así como el riesgo que el calentamiento del océano supone para los arrecifes de coral y la vida marina en general. Pero el peligro se extiende a la fauna de casi todos los ambientes.

Pérdida de hábitats

En muchos casos reduce los hábitats o los hace más inhóspitos, con lo que los animales deben modificar sus hábitos de alimentación y de reproducción.

- Los anfibios tienen una sensibilidad extrema a los cambios de temperatura y humedad. La pérdida de hábitats acuáticos es fatal para su supervivencia.

- Los cambios de temperatura y la disponibilidad de alimentos alteran los tiempos y rutas de migración de las aves.
- La alteración de las estaciones puede desincronizar la actividad de especies relacionadas, por ejemplo, insectos polinizadores y plantas polinizadas.

A menudo, debido a los cambios en las temperaturas, en la vegetación y en la disponibilidad de alimentos, los animales se ven obligados a migrar a zonas más favorables y, si no las encuentran, su supervivencia peligra.

Riesgo de extinción

En estos momentos, el cambio climático ya ha puesto muchas especies en la lista de animales en peligro de extinción. A medida que el mundo se calienta, varias especies se hacen más escasas y pueden desaparecer.

Melomys rubicola, un pequeño roedor nocturno endémico de un islote del estrecho de Torres (Bramble Cay, Australia) es el primer mamífero que se ha extinguido como consecuencia directa del cambio climático. La zona terrestre se ha reducido debido a la subida del nivel del mar y los melomys han perdido su hábitat.

En los parques naturales europeos, la masa de insectos voladores se ha reducido en un 75 % desde 1990 a causa del cambio climático y de los pesticidas.

Efectos en cascada

Las consecuencias del cambio climático, incluso sobre las especies más pequeñas, pueden tener efectos en cascada y poner en peligro a ecosistemas enteros. Por ejemplo, la reducción de las poblaciones de krill amenaza la supervivencia de ballenas, pingüinos y focas que dependen de él como fuente de alimento principal.

Transformaciones planetarias

La exposición sobre la crisis ecológica que nos angustia quedaría incompleta si no nos preguntáramos por la causa del cambio climático que estamos viviendo.

Durante su larga historia, el planeta ha sufrido numerosos cambios climáticos causados por fenómenos naturales. Se sabe que, en los últimos 800 000 años, se dieron ocho ciclos de avances y retrocesos glaciales y que el fin de la última glaciación, hace unos 11 700 años, marcó el inicio de la era climática moderna y de la civilización humana. La mayoría de estos cambios climáticos se atribuyen a variaciones muy pequeñas en la órbita de la Tierra, capaces de alterar la cantidad de energía solar que recibe.

El calentamiento actual es diferente. Ahora el cambio en el clima tiene que ver con la actividad humana. En los últimos 300 años, con el crecimiento de la población y el desarrollo de la tecnología, el poder de los humanos sobre el entorno ha crecido de tal manera que nuestra especie es capaz de generar cambios a escala planetaria. La transformación humana de la Tierra ha alcanzado dimensiones colosales, hasta el punto de que, **aumentando la concentración de dióxido de carbono** (CO_2) en la atmosfera, **hemos cambiado el clima**. Se habla de Antropoceno, una nueva era geológica en que la fuerza dominante en el planeta es la actividad humana.

No solo cambio climático

El cambio climático es una seria amenaza, pero no la única. Hemos alterado más del 75 % de la tierra firme, ha disminuido drásticamente la superficie total de bosques, y una de cada ocho especies conocidas está en riego de extinción, a la vez que la pobreza y la exclusión afecta a miles de millones de personas.

Capítulo 3

EL CLIMA INTERIOR

Si nuestras emociones son un sistema de alarma, es totalmente lógico que se disparen ante este panorama. La ecoansiedad es nuestra respuesta emocional a una situación planetaria crítica, que debemos abordar sin demora.

En cierto modo, el clima inhóspito exterior repercute en un ambiente incómodo en nuestro interior cuando tomamos conciencia de la crisis ecológica y de sus consecuencias. Se trata de un «clima interior» desapacible, a veces duro, incluso doloroso, formado por numerosos componentes en dosis variables.

Nubarrones amenazantes

Nuestro estado de ánimo puede estar **nublado de preocupación**. Razones no faltan. Nos dan miedo los fenómenos meteorológicos extremos, los desastres naturales, la pérdida de calidad del medio ambiente y otras posibles consecuencias de la crisis ecológica, que vivimos como **amenazas**. Nos preocupamos por nuestra vida y salud, por nuestro bienestar y el de nuestros seres queridos, y por la capacidad de las generaciones futuras para vivir en un mundo habitable. Tememos por las personas que viven en lugares vulnerables, por los animales que pierden su hábitat, por la disponibilidad de recursos, por la estabilidad de los ecosistemas o por el potencial de perturbaciones sociales y económicas.

El cambio climático presenta riesgos complejos e interconectados que son difíciles de predecir con certeza y esta **incertidumbre** sobre el devenir del planeta genera preocupación por el futuro y angustia por lo que pueda suceder. Asimismo, la percepción de una situación fuera de control o la incapacidad de prevenir o revertir algunos de los problemas ambientales pueden conllevar sentimientos de **inseguridad.**

En esta atmósfera anubarrada, dar vueltas a los problemas y obsesionarnos con ellos puede repercutir en incomodidad e inquietud, mayores niveles de estrés mental y ansiedad, mayor tensión física y dificultad para relajarnos, incluso con dolor de cabeza o problemas para dormir. La fijación y la preocupación continuas también provocan falta de concentración y atención, lo que puede traducirse en dificultades en los estudios o el trabajo.

Cielo gris y llovizna

La **tristeza** nos envuelve a veces como una lluvia fina y persistente. No solamente por empatía, al ver el sufrimiento de muchas personas en situaciones catastróficas, sino también por los cambios negativos en el entorno, la degradación de los ecosistemas, la desaparición de especies y de paisajes, la pérdida de la belleza y la pureza de la naturaleza.

Ya en el año 2003, el filósofo australiano Glenn Albrecht acuñó el término *solastalgia* para describir la tristeza y angustia emocional causadas por la degradación del entorno natural, especialmente cuando afecta a personas que tienen una fuerte conexión con el lugar donde viven. A diferencia del término «nostalgia», que implica añoranza del pasado, la solastalgia es la **sensación de pérdida** en el presente, cuando vemos cómo el lugar que habitamos y que amamos está siendo desfigurado y ya no experimentamos el mismo sentido de arraigo y pertenencia que solíamos tener. Constatar la desertificación del entorno de tu pueblo o evidenciar la desaparición del glaciar en la montaña que te vio nacer, puede ser causa de profunda tristeza y una erosión de la propia identidad.

En la actualidad, cuando los medios de comunicación nos muestran en directo la deforestación de la cuenca del Amazonas, la fusión del hielo en el Ártico o el blanqueamiento de los corales en la Gran Barrera, los significados de «experiencia directa» y «lugar propio» se vuelven borrosos. Las personas que sentimos que la Tierra es nuestro hogar y que somos parte de la naturaleza podemos experimentar este duelo o solastalgia ante eventos que destruyen la diversidad cultural y biológica en cualquier lugar del planeta. Y no solo podemos sentir desolación por pérdidas que ya han ocurrido, sea en nuestro entorno inmediato, sea en otras regiones de la tierra, sino que incluso puede causarnos duelo anticipar pérdidas futuras, que tememos van a ocurrir.

Un estado de ánimo gris y melancólico puede derivar en apatía, falta de apetito y sensación de debilidad, e incluso en desesperanza y depresión.

Tormenta eléctrica

Al igual que una tormenta con truenos y relámpagos, la **rabia** puede arremeter con fuerza y violencia.

Además de sentirnos abrumados por la magnitud de los desafíos ambientales, a veces nos sentimos también **furiosos** por la impresión de que falla la acción adecuada para abordarlos. Cuando pensamos que las grandes empresas y los gobiernos tienen un papel significativo en el cambio climático y percibimos que no están tomando medidas efectivas, es normal sentir **rabia**.

Nos enfurece la negación o minimización del cambio climático por parte de políticos, industrias o personas significativas, ya que vemos la evidencia científica y estamos convencidos de que se necesita una acción urgente. Es comprensible que alguien reaccione con **ira** hacia los que contribuyen a la degradación ambiental u obstaculizan los esfuerzos para abordarla con su negación o falta de acción. Asimismo, es natural tener sentimientos de **traición y enojo** si consideramos que algunas empresas priorizan sus **intereses económicos** a corto plazo sobre la habitabilidad de la Tierra a largo plazo y tenemos la percepción de que ejercen una influencia indebida en la toma de decisiones gubernamentales.

También puede encender nuestra **indignación** reconocer la **injusticia climática** y la falta de cooperación global, ya que mientras la población más rica genera la mayor parte de las emisiones, las personas más pobres y marginalizadas tienen menos recursos para adaptarse y acaban pagando las peores consecuencias, a pesar de tener menos responsabilidad.

Si todo ello nos sume en un clima de mal humor e irritabilidad, es fácil que estallen pequeñas tormentas en nuestro día a día. En particular, las discusiones con familiares y amigos por sus opiniones o actitudes respeto al cambio climático pueden acabar generando animosidad y desgastando la relación. Cuando esto ocurre, además de sufrir la incomprensión u hostilidad del entorno inmediato, es común sentir frustración por no ser capaz de transformar las ideas y los comportamientos de las personas cercanas.

Atmósfera sombría

La **culpa** se cierne a veces sobre nuestra mente como nubes oscuras que bloquean la luz del sol de la esperanza y la tranquilidad. Es una sensación persistente de remordimiento que podemos sentir al ser conscientes de que contribuimos a la crisis ambiental o de que no estamos haciendo lo suficiente para abordarla

Es frecuente sentir culpa, incluso si relativizamos el impacto de las acciones individuales en los procesos globales. Culpamos al sistema por el cambio climático, pero al mismo tiempo sentimos remordimientos por ser parte de este sistema y, por tanto, por contribuir también al calentamiento global y a la degradación del medio ambiente.

A menudo una persona está convencida de la necesidad de actuar, pero se debate sobre qué hacer, no acaba de tomar decisiones. Como consecuencia, se siente culpable de su pasividad y de su inacción.

Vientos variables

A veces podemos sentirnos como si un viento fuerte soplara constantemente en nuestro clima interior, haciendo que cualquier paso sea difícil y desafiante: es la **frustración** o sensación de estar luchando contra una fuerza adversa que nos bloquea y nos impide avanzar hacia nuestros objetivos. O quizás nos veamos atrapados en una calma inmovilizante, sin la más leve ventolina para mover las velas de la acción: esta **impotencia** se presenta cuando sentimos que no tenemos la capacidad de cambiar o influir en una situación, sin importar cuánto lo intentemos.

Frente al cambio climático y la degradación ambiental, frustración e impotencia son emociones comunes, que a menudo se entremezclan, debido a la magnitud del desafío y de la falta de control sobre el mismo. Podemos sentir frustración por no conseguir reducir las emisiones globales a pesar de nuestros esfuerzos por intentarlo, e impotencia si pensamos que no podemos influir significativamente en las políticas gubernamentales, en las prácticas de las grandes empresas o en el comportamiento general de la sociedad para hacer frente al cambio climático.

Cuando una persona se siente constantemente frustrada y percibe que sus esfuerzos son inútiles, su sensación de bloqueo suele evolucionar hacia la rabia o hacia la tristeza. Por otro lado, la impotencia frente a la envergadura de los problemas y la sensación de falta de control sobre los resultados puede llevar a sentimientos de desesperanza y desamparo.

Con distinta intensidad

Los síntomas de la ecoansiedad son de naturaleza diversa y se pueden colocar en una escala de gradación que va desde los más leves a los más severos. Algunas personas seguirán sin problema con sus rutinas diarias a pesar de la ecoansiedad, mientras que en las situaciones más extremas la ansiedad afectará los estudios, el trabajo y las relaciones, y se tendrán muchas dificultades para mantener el funcionamiento diario y llevar una vida satisfactoria.

Ya dijimos que la ecoansiedad no es un diagnóstico clínico, sino una respuesta emocional normal a los desafíos de la crisis ambiental. Sin embargo, en algunos casos puede afectar a la salud física y mental.

Capítulo 4

COMPRENDER LAS EMOCIONES

Emociones: para qué

Si la ecoansiedad es como una sirena antiincendios, que nos advierte del peligro inminente en una casa en llamas, el problema no es el sonido desagradable, sino el fuego.

¿Qué pasaría si alguien, al oír la alarma, dedicara todos sus esfuerzos a silenciarla y luego no hiciera nada más? Desastre servido: la casa reducida a cenizas.

De manera parecida, en el caso de la ecoansiedad, no se trata de intentar acallarla, sino de captar su mensaje.

Imaginemos a una persona que vive en un pueblo que ha sufrido inundaciones cada vez más frecuentes y destructivas en los últimos años. Consciente de los impactos del cambio climático, esta persona comienza a sentir ansiedad cada vez que se anuncia una tormenta. Esta ansiedad la impulsa a tomar medidas preventivas para proteger su hogar y a participar activamente en iniciativas locales de adaptación al cambio climático.

O supongamos que eres una amante de la naturaleza y has pasado toda tu vida explorando los bosques de tu región. Con el tiempo, observas que los pájaros que solían llenar el aire con sus cantos ahora son escasos, y ves que el arroyo que solía fluir cristalino está casi siempre seco. Comienzas a sentir una profunda tristeza cada vez que te aventuras entre los árboles y esta emoción actúa como una llamada de atención sobre la necesidad de proteger el mundo natural que está en peligro y te motiva a tomar medidas para conservar y restaurar el bosque que amas.

El conjunto de emociones que generan ecoansiedad sirve como una llamada de atención que nos insta a reconocer y a abordar los desafíos ambientales a los que nos enfrentamos. Lo que hace «interesante» a la ecoansiedad es su potencial para **movilizar** e **impulsar un cambio** positivo, ya que, al ser alertados por emociones incómodas, podemos transformar nuestra preocupación en motivación para enfrentarnos a estos desafíos.

Las emociones pueden ser placenteras o molestas, podemos considerarlas positivas o negativas, pero, tal como enfatiza la psicóloga y formadora Hermínia Gomà, «no son ni buenas ni malas: simplemente "son", y son necesarias». **Nos dan información útil**. A lo largo de la evolución de nuestra especie, nos han ayudado a responder a situaciones que amenazaban nuestro bienestar físico o psicológico, garantizando nuestra supervivencia.

Aceptar y entender las propias emociones

Emoción viene del latín *emovere*, que significa «agitar». Las emociones son respuestas psicofisiológicas automáticas de nuestro organismo ante situaciones nuevas, a veces inesperadas, que nos agitan para que nos demos cuenta de que algo está cambiando a nuestro alrededor. De esta manera nos ayudan a **entender** lo que está pasando en un momento dado y a **actuar** de manera conveniente para adaptarnos.

- Repuestas psicofisiológicas significa que, a nivel psíquico, las emociones alteran la atención y activan las redes neuronales de la memoria, mientras que a nivel fisiológico organizan rápidamente las respuestas de distintos sistemas biológicos, donde están incluidas respuestas involuntarias (cambios en el ritmo cardíaco o respiratorio, aumento de sudoración, cambios en la tensión muscular, sequedad en la boca, presión sanguínea, etc.) y cambios en la expresión facial, tono y volumen de voz, sonrisa, llanto y otros.

Tomemos el caso del miedo como ejemplo. Nuestro cerebro detecta algo que podría ser una amenaza e, inmediatamente, nuestro cuerpo se prepara para enfrentarla o huir de ella. El corazón comienza a latir más rápido para enviar más sangre a los músculos, los pulmones nos hacen respirar más rápido para obtener más oxígeno, y esto nos proporciona energía extra para correr o defendernos. Además, podemos sentir mariposas en el estómago, sudoración o temblores: son respuestas del cuerpo al miedo. A la vez, nuestra mente se enfoca completamente en la situación de miedo: dejamos de pensar en otras cosas y nos concentramos en lo que está sucediendo, lo cual nos ayuda a tomar decisiones rápidas.

Las emociones son respuestas instantáneas y automáticas a un estímulo o situación. Fuerzas primarias e instintivas, muy breves. No duran ni horas ni días: se dice que suelen durar unos 90 segundos. Después nuestro cerebro comienza a procesar y evaluar la situación con más detalle, considera el contexto, nuestras experiencias pasadas y nuestras creencias, para entender por qué estamos sintiendo esa emoción. Cuando reflexionamos sobre la emoción y su causa («¿Por qué me siento así?», «¿Qué significa esta emoción para mí?» ...), la emoción inicial puede disminuir o bien persistir, transformándose en un sentimiento más duradero. Un sentimiento es una emoción consolidada.

- En la parte posterior del cerebro hay una glándula pequeña, la amígdala, cuya función es, justamente, detectar de manera automática elementos y sucesos del entorno que podrían ser peligrosos o turbadores y avisarnos rápidamente, provocando emociones fuertes que preparan nuestro cuerpo para reaccionar. A la amígdala se la llama también «cerebro reptiliano» porque es la parte más primitiva del cerebro, que genera respuestas instintivas y se asocia con las funciones básicas de supervivencia.

- El córtex, en cambio, es la parte más reciente en términos de evolución y se encuentra en la corteza cerebral. Es la parte más grande del cerebro, y funciona como una computadora central, responsable de pensar, planificar y tomar decisiones. Cuando la amígdala hace que sintamos miedo, por ejemplo, el córtex nos ayuda a entender por qué lo sentimos y a decidir cómo reaccionar de manera adecuada.
- La amígdala y el córtex trabajan juntos en la regulación y el procesamiento de las emociones, con funciones distintas. Ambos son partes esenciales de nuestro sistema emocional.
- La comprensión de cómo se procesan las emociones en el cerebro es un campo en constante evolución. La neurociencia moderna ha demostrado que las interacciones entre las distintas áreas son muy complejas. La explicación que hemos dado está muy simplificada.

Mientras que las emociones son respuestas inmediatas a un estímulo (vienen, nos habitan y las soltamos), los sentimientos son experiencias más prolongadas y conscientes que surgen de las emociones y pueden persistir durante más tiempo. La consolidación de emociones en sentimientos depende de cada persona y de cómo procesamos cada situación. Nuestros sentimientos los genera el sumatorio de nuestras emociones y nuestros pensamientos. Cualquier sentimiento se puede diseccionar en emociones.

En resumen, las emociones son viscerales, no se pueden controlar, pero **se pueden regular** conscientemente a través del pensamiento. Qué hacemos con nuestras emociones no solo depende de nuestras respuestas instintivas, sino también de cómo razonamos. Nuestra interpretación y evaluación de un suceso influye significativamente en cómo nos sentimos y en las decisiones que tomamos.

Entre el suceso y la respuesta

«No nos afecta lo que nos sucede, sino lo que nos decimos acerca de lo que nos sucede», sostiene Epicteto.

Tenemos la impresión de que los hechos externos producen nuestros sentimientos, pero en realidad nuestra manera de reaccionar depende mucho de lo que nos decimos a nosotros mismos ante una emoción. Frente una misma situación, las personas reaccionamos de forma emocional diferente. Entre un suceso y una respuesta están nuestra cultura, nuestra experiencia, nuestras expectativas, nuestros pensamientos...

Puede que creamos que nuestros sentimientos reflejan cómo son las cosas: «Lo siento así, por consiguiente, tiene que ser verdad». Pero no necesariamente es cierto...

El proceso emocional. Identificar, comprender y regular las emociones

Las emociones contienen información e influyen en el pensamiento. Si las utilizamos de forma inteligente haremos que trabajen para nosotros, de manera que nos ayuden a guiar el comportamiento para resolver los problemas que se nos presentan y favorezcan nuestro bienestar.

Para ello tenemos que darnos permiso para sentir, dejar espacio para la emoción y aprender a:

- **Identificar**: reconocer de forma consciente nuestras emociones, dar una etiqueta verbal a lo que sentimos. Identificar las emociones que nos agitan sirve para descifrar qué datos contienen, qué señales nos envían ante los acontecimientos. También nos permite expresarlas ante los demás y ser capaces de comunicarnos.

- **Comprender**: integrar lo que sentimos dentro de nuestro pensamiento y saber considerar su complejidad. Las emociones no son acontecimientos aleatorios, de modo que podemos comprender las razones que las han originado, así como el contexto en el que las experimentamos. Igualmente, podemos ser conscientes de cómo se están manifestando en nosotros, a nivel físico y mental, y de sus efectos y posibles consecuencias.
- **Regular**: dirigir y manejar las emociones de forma eficaz. Tomar consciencia de las emociones, sean o no bienvenidas, para poder elegir diferentes estrategias que aprovechen la sabiduría que nos proporcionan. Incorporarlas de forma útil a nuestro razonamiento, a nuestra forma de solucionar los problemas, a nuestros juicios y a nuestro comportamiento.

No se puede «no sentir emociones». El objetivo es que **no nos desborden** y controlen nuestra existencia. Negar las emociones puede ser problemático, pero también lo es dejar que las emociones nos arrastren. Cuando permitimos que nuestras vidas sean llevadas por las emociones, como un tronco en el agua de un torrente, vamos a la deriva.

Solo nosotros mismos podemos regular nuestro estado emocional; nadie externo tiene este poder. Un acontecimiento puede influir en nuestro estado emocional, pero la decisión de permanecer en él está en nuestras manos. Tenemos la opción de esperar pasivamente a que pase o tomar medidas activas. La elección sobre qué hacer con nuestra emoción es nuestra.

No debemos caer en el error de ignorar o menospreciar las emociones, ni cometer el error opuesto de darles más importancia que a la inteligencia cognitiva o racional. Se trata de integrar ambas dimensiones humanas como herramientas para una buena vida.

¿Cómo reacciona tu cuerpo a la crisis climática? **Climate Mantra** *es un proyecto nacido del deseo de un grupo de artistas de expresar sus emociones frente al cambio climático de manera cooperativa.* IAMPIO, Ninon Réo, Cali y Ombelin_The_Artivist *combinaron sus talentos para crear imágenes que representan la corporalidad de la lucha contra la crisis. En la imagen, el mantra* Wake up willing to act together *(Despierta dispuestas a actuar juntas), de* Ombeline Dequidt. *Barcelona, 2023. Proyecto completo en Instagram* @climate_mantra. *Imagen cortesía de los artistas.*

Las emociones vinculadas a la ecoansiedad

Cuando nos sentimos perturbados por la realidad ambiental, es útil identificar las emociones y los sentimientos que nos habitan, para poder regularlos.

En una situación puede haber muchas emociones entremezcladas. Analizar nuestro estado, diseccionando emoción por emoción, permite hacernos más conscientes de lo que sentimos y ver cuál nos aporta más luz para interpretarlo. Esto nos ayuda a poner orden y a clarificar lo que estamos viviendo, a entendernos mejor a nosotros mismos, a generar nuevos pensamientos y a manejar mejor la situación.

Aunque sería posible hacer una larga lista de emociones y estados de ánimo que pueden alimentar nuestro malestar, hay cuatro emociones básicas que nos permiten interpretar la mayoría de las sensaciones de ecoansiedad. Es muy útil familiarizarse con ellas y con las estrategias para regularlas.

El miedo

Tras los nubarrones de preocupación por la salud y el bienestar, por el futuro del planeta y de la humanidad, está el miedo. Es la emoción que se anticipa a un posible **peligro** y nos prepara para reaccionar de manera rápida y para mantenernos a salvo en situaciones amenazantes.

El miedo se considera una emoción muy primitiva, que ha sido indispensable para nuestra supervivencia. Cuando la amígdala detecta peligro, nos activa para tomar una decisión inmediata: atacar, huir o quedarnos inmóviles ante el peligro. Nos ayudó a sobrevivir en el pasado, cuando enfrentábamos peligros como los animales salvajes, y nos ayuda ahora a tomar decisiones rápidas y eficaces frente a peligros de cualquier tipo.

La función del miedo es protegernos y para ello activa nuestra vigilancia e incrementa la **precaución**. Cuando sentimos miedo, nuestro ritmo cardíaco aumenta, nuestros músculos se tensan y estamos alerta. El miedo también puede ser una señal de que necesitamos enfrentar un desafío y pasar a la acción (el miedo a suspender un examen me motiva a estudiar más y a prepararme mejor, el miedo a enfermar hace que me cuide). El miedo nos hace más conscientes de los cambios y nos motiva a tomar precauciones y aprender cómo manejar la situación. Es un recordatorio de que es prudente prestar atención y tomar decisiones cuidadosas.

Es importante aprender a regular el miedo para evitar que nos paralice o nos cause ansiedad excesiva. El antídoto del miedo es la **confianza**. No una confianza ciega y vacía del tipo «todo se arreglará», sino confianza en uno mismo, en los propios recursos para afrontar las situaciones y superar las dificultades, y confianza en la humanidad y en la capacidad de aprender, actuar colectivamente y cambiar el rumbo. Ante una situación de angustia, incertidumbre o nerviosismo, preguntarnos «¿en qué debo confiar?» puede cambiar totalmente nuestra perspectiva y estado de ánimo y ayudarnos a pasar a la **acción**.

Pere Casaldàliga decía sabiamente «No tengas miedo del miedo». Una frase poderosa, que vale la pena tener muy presente.

La rabia

La ira o rabia es la emoción que despierta en nosotros una situación de **injusticia**. Es una emoción intensa que nos moviliza para defendernos y luchar ante hechos que consideramos inaceptables.

A pesar de que a menudo es vista como negativa o destructiva, la ira desempeña un papel oportuno en la sociedad, al regular el comportamiento humano. Cuando se experimenta de manera adecuada, puede ser una emoción útil y necesaria para establecer límites, proteger los intereses personales y sociales, y defenderse de las injusticias. Sin capacidad de indignación, quizás viviríamos esclavizados bajo la brutalidad del más fuerte, sin la posibilidad de defendernos o de proteger nuestros derechos.

La rabia disminuye el miedo e incrementa la energía para la acción. Cuando hay rabia, lo que me pide el cuerpo es pegar, romper algo, dar portazos... ¡Hay quien se ha roto la mano dando golpes en un ataque de furia!

Mi rabia es legítima. Mi enfado ante una situación que para mí es injusta resulta natural. Pero la rabia ofusca y calienta, de modo que mientras la rabia nos quema no podemos tomar buenas decisiones. Primero necesitamos **desahogarnos**. Será bueno que podamos hablar con alguien que nos escuche y nos comprenda, y también que canalicemos la energía sin dañar a otros ni lesionarnos. Son útiles los deportes como pádel, ping-pong, tenis o natación, donde se pueden dar golpes o patadas, igual que correr, saltar, bailar, chillar, cantar a grito pelado, dar puñetazos en una almohada, u otras actividades que permitan expulsar la rabia.

Desahogarnos bien es imprescindible. Hay personas que «se comen» la rabia («ya se me pasará, puedo aguantar, no hay para tanto»), no se permiten expresarla y se lastiman a sí mismas, ya que la ira mal canalizada puede derivar en depresión y ansiedad. Es nocivo autocastigarnos dirigiendo la rabia hacia nosotros mismos. Y, obviamente, ¡tampoco se trata de volcarla contra el más débil!

Una vez nos hemos desahogado adecuadamente, podemos analizar la situación y tomar decisiones, como personas libres y protagonistas, para pasar a la **acción**.

La rabia e indignación por la falta de una respuesta contundente por parte de los gobiernos, las empresas y la sociedad en general ante el cambio climático puede servir como motivación para la acción. Muchos movimientos de activistas ambientales han surgido a raíz de estas emociones, y están presionando a los gobiernos y multinacionales para que tomen medidas más significativas en la lucha contra el cambio climático.

La tristeza

En una situación de **pérdida**, la reacción normal es la tristeza. Su función es impulsarnos a reflexionar, aprender, hacer ajustes necesarios en nuestras vidas y darnos un tiempo para sanar emocionalmente después de situaciones difíciles. Es una emoción que nos ayuda a adaptarnos y a crecer a partir de las experiencias dolorosas.

La tristeza nos motiva a pensar en lo que ha ocurrido y a intentar comprender la situación. Nos incita a identificar áreas que pueden necesitar atención o mejora, reconstruyendo nuestros recursos emocionales y fortaleciéndonos para enfrentar futuros desafíos de manera más efectiva.

El proceso de **duelo** comporta una serie de tareas que incluyen aceptar la realidad de la pérdida, procesar el dolor físico y emocional, adaptarse a la nueva situación y embarcarse hacia un rumbo distinto.

La tristeza también puede conllevar una disminución de energía, lo que puede parecer negativo, pero tiene un propósito, ya que, al reducir temporalmente nuestra actividad, estamos permitiendo que nuestro cuerpo y nuestra mente se centren en sanar emocionalmente. Esta **pausa** puede ser necesaria para recuperarnos de sucesos dolorosos.

Además, la tristeza se refleja en nuestras expresiones físicas y actúa como una llamada de auxilio a nuestros familiares y amigos, que pueden acompañarnos en la situación, **consolarnos** y reducir nuestro sufrimiento.

Es provechoso entender la tristeza como una señal de que algo en nuestra vida necesita atención y reflexión. En lugar de suprimirla o evitarla, podemos utilizarla como una oportunidad para crecer, aprender y avanzar hacia una mejor comprensión de uno mismo y una reintegración personal más saludable y equilibrada.

En relación con el cambio climático, la tristeza o solastalgia puede buscar su alivio en un futuro que tiene que ser diseñado y creado, llevándonos a imaginar cosas nuevas o a participar en **acciones** colectivas para mejorar la situación que nos deprime. Muchas personas relatan haber avanzado a través del proceso de tristeza y duelo hacia una reinversión de energía emocional en decisiones vitales que han fortalecido su compromiso ambiental, a la vez que les han brindado consuelo y conexión con el entorno.

La culpa

La culpa es la emoción que surge cuando percibimos que hemos hecho algo incorrecto o estamos fallando en cumplir con ciertos valores o expectativas, ya sea hacia nosotros mismos o hacia otros. Está vinculada a la conciencia de haber cometido un **error** o de haber causado daño de alguna manera.

El error es la oportunidad para el **aprendizaje**. Cuando nos equivocamos, la culpa detecta el error y nos permite mejorar. ¡Los errores que no se detectan no se pueden corregir! Nadie nace enseñado. La función de la culpa es permitirnos aprender de los errores, al darnos cuenta de cosas que podríamos haber hecho mejor: eso posibilita la mejora continua.

Quedar estancados en **la culpa**, atormentarnos en el reproche pensando en lo que sucedió y en lo que podríamos haber hecho y ya no podemos cambiar, no sirve básicamente para nada. **La culpa por sí sola es completamente inútil. Autoflagelarme por una culpa no me hace mejor persona.** No sirve para mejorar personalmente ni tampoco tiene ninguna utilidad para las personas o la situación que se han visto perjudicadas por el error que podamos haber cometido. No hay culpabilidad, por grande que sea, que pueda solucionar un problema.

Lo que libera de la culpa es asumir la responsabilidad por el daño que se causó, y reparar el perjuicio, en la medida en que sea posible. Hacerme responsable me hace sentir mal hacia la conducta, aceptar mi error, pero no me hace sentir mal conmigo mismo, no me devalúa como persona. Es importante diferenciar entre las cosas que hago y quién soy. Una casa no deja de tener valor si sus muebles están rotos. La casa tiene valor, sin importar los muebles que contenga, porque la casa no son sus muebles. De la misma forma, como seres humanos somos valiosos, a pesar de nuestros pensamientos o nuestros actos puntuales erróneos.

Puede que sintamos que nuestro estilo de vida tiene un impacto notable sobre el planeta y esto nos haga sentir culpables. Seguro que hay muchas cosas que podemos aprender. Todos tenemos mucho que aprender. Tenemos mucha tarea, individual y colectiva. Pero no avanzaremos hablando de culpables, sino de soluciones y de responsabilidades.

La crisis climática es consecuencia de un sistema de vida que nosotros no hemos inventado y de decisiones y acciones que tienen lugar desde mucho antes de que naciéramos. Es perfectamente válido decir «No me siento culpable del cambio climático, pero sí me siento responsable de contribuir a buscar soluciones». Esta afirmación refleja una actitud constructiva y proactiva muy conveniente. Si tenemos un problema, aunque no sea culpa nuestra, nos toca ser responsables, por nuestro propio bienestar. Y el cambio climático es un problema global que requiere la acción de todos, desde los ciudadanos hasta los gobiernos y las empresas, si bien con responsabilidades distintas, algunas mucho mayores que otras.

Arenas movedizas

Como ya dijimos, las emociones no vienen en cajetillas individuales, sino que van en *pack*. Así, frente al cambio climático podemos experimentar emociones complejas e incluso contradictorias. El deseo de hacer cambios positivos y la confianza en nuestros recursos puede coexistir con la sensación de impotencia y de desánimo frente a la magnitud del problema. Puede haber una esperanza activa de aportar soluciones, pero al mismo tiempo, una profunda tristeza por las pérdidas y daños que ya se están produciendo. Podemos tener momentos de entusiasmo por las soluciones posibles, pero también de frustración y de rabia debido a las dificultades. Incluso la negación puede ser, a veces, una forma de evitar el estrés emocional asociado con el cambio climático. Puede que vea a una persona apática y piense que no le importa nada, cuando en realidad su aparente apatía es un mecanismo de defensa psicológica ante la magnitud del problema y la incapacidad que siente para abordarlo.

No nos asustemos ante emociones y sentimientos embrollados. **Podemos imaginar la ansiedad como estar sobre arenas movedizas**: cuanto más luchamos contra ellas para salir, más intranquilos nos sentimos y más desesperada es esa lucha. Así que, si nos encontramos en un estado ansioso, es mejor hacer todo lo contario: tratar de relajarnos, calmarnos, y escucharnos para poder sentir y observar conscientemente nuestro clima interior. Darnos espacio y tiempo para **hacernos cargo de las emociones** que alimentan nuestra desazón es el primer paso para abordarla y transformarla.

Identificar, comprender y regular las emociones implicadas en nuestro estado de ánimo nos permite empezar a **mirar la ecoansiedad de frente**. Descifrar cuáles son las emociones que nos dominan, en qué medida las hemos consolidado como sentimientos, descubrir cuál puede ser la vía para regularlas y tomar decisiones adecuadas son tareas cruciales para afrontar nuestro malestar emocional.

Sin cerrar los ojos

«Elijamos la semana que elijamos, siempre hay una emergencia climática. Ante este panorama, podemos asustarnos y encontrar difícil mantenernos conectados a lo que está ocurriendo.

Si nos quedamos el tiempo suficiente con nuestros sentimientos de rabia, de impotencia, de pena, de querer cerrar los ojos a lo que no querríamos saber, también podemos encontrar un camino hacia una nueva ética de la responsabilidad».

Susie Orbach, psicoterapeuta.

Capítulo 5

LAS RAÍCES DEL CAMBIO CLIMÁTICO

Para comprender mejor la fuente de nuestra inquietud, es conveniente desentrañar las causas del cambio climático. Entender estas causas no solo es un ejercicio científico, sino también una exploración del nexo que vincula nuestras emociones y preocupaciones personales con la salud de nuestro planeta. Nos permite abordar las raíces del malestar ambiental y, a la vez, descubrir cómo nuestras acciones cotidianas y decisiones colectivas están enlazadas con el desafiante panorama climático global, lo cual nos da valiosas pistas para transformar la ecoansiedad en acción.

Cuando intentamos hallar soluciones para cualquier problema, saber por qué sucede lo que sucede es indispensable. Conocer las causas del cambio climático resulta realmente posibilitador, porque permite trazar vías para afrontarlo, minimizarlo y evitar las peores consecuencias.

Las sensaciones incómodas de la ecoansiedad nos instigan a reaccionar ante una situación crítica y el conocimiento científico de lo que sucede nos permite hallar maneras de hacerlo de manera efectiva.

Descifrando el cambio climático

Ya quedó apuntado que el calentamiento global que estamos viviendo tiene que ver con la actividad humana y, específicamente, con el aumento de **la concentración de dióxido de carbono** (CO_2) en la atmosfera. Pero, más allá del titular, ¿cómo sabemos que esto es así?, ¿desde cuándo lo sabemos?, ¿qué es lo que regula el clima?, ¿qué actividades concretas tienen más impacto sobre él?, ¿tiene algo que ver con el clima que encendamos la luz o nos comamos un bistec? En esta sección trataremos de dar respuesta a estas y otras preguntas y de profundizar en las causas del cambio climático.

La atmósfera: un invernadero que mantiene la vida

En 1824, el matemático y físico francés **Joseph Fourier** calculó que un planeta del tamaño de la Tierra, situado a nuestra distancia del Sol, debería ser mucho más frío. Dijo que debía haber *algo* en la atmósfera que actúa como si fuera el cristal de un invernadero.

En un invernadero, durante el día las paredes y el techo de cristal dejan entrar la luz del sol, que calienta el aire. Por la noche, cuando fuera hace frío, el interior se mantiene todavía caliente porque el cristal ha atrapado el calor del sol.

A mediados del siglo XIX, se demostró que lo que hace que la Tierra no sea una bola de hielo sino un lugar confortable para la vida son ciertos gases de la atmósfera que producen efecto de invernadero.

En 1856, la física norteamericana **Eunice Foote** mostró que el **dióxido de carbono** (CO_2) de la atmósfera atrapa el calor y produce este **efecto invernadero**. Pocos años después, el físico irlandés **John Tyndall** también identificó el efecto invernadero natural de la Tierra.

Eunice Newton Foote (17 de julio de 1819 – 30 de septiembre de 1888) fue física y activista por los derechos de las mujeres. Con sus experimentos identificó la principal causa de lo que ahora llamamos *efecto invernadero* y dijo que si cambiaba la proporción de dióxido de carbono (CO_2) en la atmósfera, cambiaría la temperatura. Publicó su descubrimiento en un artículo presentado en la conferencia de la Asociación Americana para el Avance de la Ciencia en 1856, pero —quizás porque en ese momento todavía no se permitía a las mujeres asistir a las conferencias y el documento lo entregó otro profesor— el trabajo quedó olvidado. Durante mucho tiempo se ha pensado, erróneamente, que Tyndall había sido el primero en realizar la conexión entre el CO_2 y el cambio climático. En 2010 un geólogo norteamericano encontró el trabajo de Foote y lo divulgó. En 2019 la Universidad de California organizó una conferencia y una exposición para dar visibilidad al trabajo de Foote y reconocer su contribución a la ciencia del clima.

Como el nombre indica, el efecto invernadero de la Tierra funciona... ¡como un invernadero! **Hay gases en nuestra atmósfera que desempeñan un papel comparable al techo de cristal de un invernadero**. El dióxido de carbono (CO_2) y también el vapor de agua y otros gases (como el metano, el óxido de nitrógeno y ciertos gases de flúor), tienen la capacidad de retener una parte del calor del Sol que es reflejado por la Tierra, evitando que vuelva a escapar al espacio. Sin el efecto invernadero la temperatura promedio de la Tierra, que es ahora de unos 15 grados, rondaría los -18.

El **dióxido de carbono (CO_2)** es un gas minoritario, que solo representa el 0,04 % del volumen de la atmósfera, pero desempeña un papel clave porque es el gas de efecto invernadero más importante y **controla el clima de la Tierra**.

El CO_2 no es tóxico

Hay que tener presente que el CO_2 no es tóxico: se encuentra en el aire que respiramos y circula por nuestro cuerpo, y también en el agua con gas, el champán o los refrescos gaseosos que bebemos. Las plantas lo capturan para formar sus tejidos mediante la fotosíntesis, y los animales y las personas aprovechamos esta materia orgánica para alimentarnos. El problema no es la toxicidad del CO_2, sino su **cantidad.**

¿Y si aumenta el CO_2? De las predicciones a los datos

Cuanto más CO_2 haya en la atmósfera, menos calor podrá escapar y más cálido será el clima de la Tierra.

A finales del siglo XIX, el científico sueco **Svante Arrhenius** se percató del rápido crecimiento de las emisiones de dióxido de carbono causadas por las actividades humanas, y dijo que era probable que los avances de la industria condujeran en pocos siglos a una atmósfera más rica en CO_2 y, por tanto, más cálida.

En 1956, el físico canadiense **Gilbert Plass** hizo predicciones muy precisas sobre el aumento de los niveles de CO_2 atmosférico y su efecto sobre la temperatura media del planeta. Sus previsiones coinciden con las medidas registradas después.

En 1958, el estadounidense **Charles David Keeling** empezó a medir las concentraciones de dióxido de carbono en la atmósfera y con estas mediciones logró la prueba irrefutable de que el aumento de CO_2 es una realidad. El observatorio que usó Keeling se encuentra cerca de la cumbre del Mauna Loa, uno de los volcanes de la isla de Hawái, a una altitud de 3400 m, por encima de la capa de nubes. Por su situación en medio del océano Pacífico, lejos de las principales fuentes de contaminación del aire y en un terreno sin vegetación, es un sitio ideal para medir el CO_2.

Los datos de Mauna Loa son el registro más largo de medidas directas de CO_2 atmosférico disponible en el mundo. Se considera que es un registro preciso y un indicador fiable de la tendencia en las concentraciones del CO_2 en la atmósfera. Una tendencia que es muy clara: **el dióxido de carbono atmosférico no ha dejado de aumentar**.

La investigación, con sus registros diarios, ha generado la **curva de Keeling**, una gráfica que muestra no solo cómo el CO_2 sigue aumentando, sino que lo hace de forma acelerada. La concentración de CO_2 atmosférico creció de 315 partes por millón (ppm) en 1958 a 380 ppm en 2005, año en el que el científico murió. En junio de 2023 se alcanzaron 423 ppm.

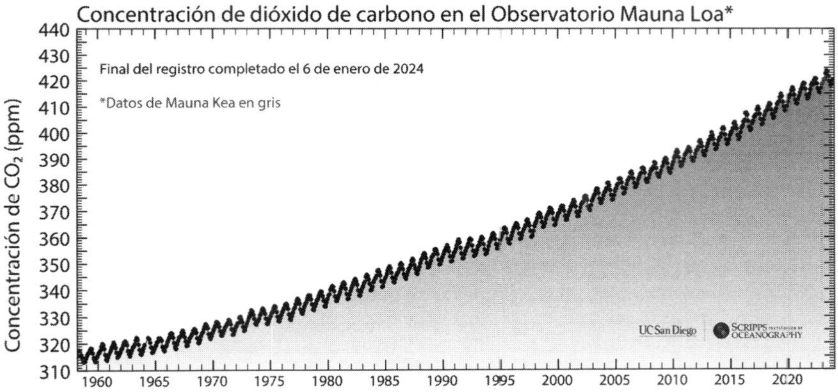

La curva de Keeling: concentraciones de CO_2 atmosférico medidas en Mauna Loa (Hawái) de 1958 al presente. La curva tiene forma aserrada porque cada año hay un valor mínimo en primavera/verano, cuando la vegetación absorbe más CO_2, y un máximo en otoño/invierno. Scripps Institution of Oceanography at UC San Diego. Recuperado de https://bluemoon.ucsd.edu/co2_400/mlo_full_record.pdf. Acceso abierto bajo la licencia Creative Commons BY.

Cuando el carbono fósil se libera...

Probablemente te preguntes: ¿por qué aumenta el dióxido de carbono en la atmosfera?, ¿de dónde sale? La respuesta es que este aumento del CO_2 proviene sobre todo de **quemar combustibles fósiles**. Es un carbono que estaba enterrado en el subsuelo desde hace millones de años y que liberamos a la atmósfera cuando quemamos petróleo —y sus derivados—, carbón o gas para obtener la energía que utilizamos en la mayoría de las actividades, desde la iluminación, la calefacción y la producción de alimentos, hasta la industria y el transporte.

Los combustibles fósiles son productos resultantes de la descomposición parcial de **materia orgánica de hace millones de años**. El carbón se ha originado a partir de la acumulación de material vegetal, como hojas, ramas y troncos, en zonas pantanosas, mientras que el petróleo y el gas natural provienen de restos de organismos marinos depositados en el fondo del océano. En ambos casos, la transformación de los restos orgánicos enterrados se debe a la presión y a la temperatura generadas por las capas superpuestas. Durante el proceso de fosilización, la materia orgánica no se degradó del todo, sino que quedó en forma de moléculas complejas, sólidas, líquidas o gaseosas, cuya energía es la que se libera al utilizarlas como combustible. En resumen: la energía almacenada en el carbón, el gas o el petróleo fue capturada por seres que vivieron en épocas geológicas y, en última instancia, procede del sol.

Debido a su alto poder calorífico, los combustibles fósiles son fuentes de energía que han permitido el crecimiento de la economía y de la población. Pero su combustión ha aumentado la concentración atmosférica de CO_2, desde 278 partes por millón (ppm) a principios de la Revolución Industrial, hacia 1750, hasta las más de 420 ppm actuales. ¡Y cada año sigue creciendo!

El CO_2, una vez emitido, permanece en la atmósfera durante miles de años: debido a su efecto invernadero, esto tiene unas implicaciones muy importantes para el calentamiento global.

Por tierra, mar y aire

Cuando Keeling empezó sus experimentos nadie sabía a ciencia cierta si el CO_2 emitido por la humanidad se quedaría en la atmósfera o sería absorbido por los océanos y las plantas. Sus medidas demostraron que una parte se va acumulando en la atmósfera.

Actualmente se ha visto que una cuarta parte de todas las emisiones de CO_2 son absorbidas por los océanos, otra cuarta parte es absorbida por la vegetación terrestre, y el resto se queda en la atmósfera y provoca el calentamiento global.

La conservación de los ecosistemas terrestres y marinos es crítica para mantener estos sumideros naturales de carbono.

Adictos a los combustibles fósiles. Las emisiones de la energía

Entonces, si en la actualidad sabemos que el uso de combustibles fósiles es la principal causa del cambio climático, si somos conscientes de que quemarlos contribuye a desestabilizar el clima, ¿por qué lo hacemos? Los seguimos quemando, a pesar de saber que nos estamos complicando la vida seriamente, porque son las fuentes de energía que hasta ahora han alimentado toda nuestra actividad y tenemos dependencia de ellos: actualmente representan casi el 80 % de la energía primaria consumida en el planeta.

Los derivados del petróleo, como la gasolina y el diésel, hacen posible el funcionamiento de coches, motos, camiones, aviones, barcos, tractores y todo tipo de maquinaria agrícola. Usamos el gas para calentarnos y cocinar. En las centrales térmicas se quema gas, carbón o fueloil para obtener la electricidad que utilizamos continuamente: en las casas, en las oficinas, en los comercios y, sobre todo, en las industrias, para producir en gran abundancia artículos de todo tipo, empaquetarlos y transportarlos. ¡Y después, aún, utilizamos energía para intentar deshacernos de los desechos!

La cantidad de energía que utilizamos para desarrollar nuestra actividad con el estilo de vida actual es enorme y sigue creciendo: desde principios de la década de 1970 hasta ahora, el consumo de energía en el mundo se ha triplicado. Por otra parte, los países con mayor consumo de energía por persona son ricos y muy industrializados, mientras que los países que consumen menos energía per cápita se encuentran entre las economías más desfavorecidas del mundo.

El uso de energía es la fuente de emisiones de gases de mayor efecto invernadero. Casi tres cuartas partes de las emisiones mundiales están relacionadas con la quema de combustibles fósiles para obtener energía.

La cuarta parte de estas emisiones procede de la **industria**. Y es que usamos energía fósil para fabricar productos de hierro, de acero y otros metales, para producir maquinaria, coches, camiones y aviones, para obtener productos químicos como medicamentos, plásticos, textiles, fertilizantes, pesticidas o detergentes, para fabricar ropa, objetos, papel, muebles y materiales por la construcción, o para procesar alimentos.

Una gran fuente de emisiones de CO_2 es la energía que usamos en los **edificios** (17,5 %), tanto para iluminar, cocinar y hacer funcionar los electrodomésticos, como para calentar y refrigerar los espacios, ya sea en las viviendas o en las oficinas, comercios y restaurantes.

Otra gran fuente de emisiones de CO_2 (16 %) es la energía dedicada al **transporte**, sea de personas o materiales. El transporte por carretera, con coches, motos, camiones y autobuses, es el que produce globalmente más emisiones (12 %), pero debemos contar también las de los aviones, barcos y trenes.

Debido al volumen masivo de tráfico terrestre, las emisiones de gases de efecto invernadero derivadas del transporte por carretera superan globalmente las de la aviación. No obstante, al analizar las emisiones por pasajero y kilómetro recorrido el panorama cambia, ya que el transporte aéreo emite significativamente más gases de efecto invernadero por cada unidad de distancia y pasajero.

Y todavía hay que añadir las emisiones producidas al hacer funcionar la maquinaria **agrícola** y los barcos de **pesca** (1,7 % del total).

Cuando el bosque se destruye. Las emisiones de la deforestación

Los bosques son grandes almacenes de carbono porque, a través de la fotosíntesis, la vegetación absorbe y fija el carbono de la atmósfera. Recordemos que la vegetación absorbe un cuarto del CO_2 emitido por las actividades humanas.

Ahora bien, cuando se destruye un bosque, el carbono que estaba almacenado vuelve a la atmósfera. Por ejemplo, si un bosque se quema, se libera CO_2 a la atmósfera y, además, se destruye la vegetación que absorbía el CO_2, por tanto, es una contribución doble al efecto invernadero.

De forma similar, se pierden depósitos de carbono cuando se secan humedales o se arrasa la vegetación de un territorio. Los cambios de usos del suelo repercuten en el aumento o disminución de los gases de efecto invernadero en la atmósfera.

Por desgracia, actualmente en algunas regiones la destrucción de los bosques es muy rápida. El establecimiento de pastos y cultivos (especialmente soja para piensos, aceite de palma, cacao, caucho y café) es la principal causa de la pérdida de bosques tropicales, uno de los ecosistemas con mayor biodiversidad de la Tierra.

Unos gases distintos. Las emisiones de la alimentación

La agricultura y la ganadería industriales necesitan energía para manejar la maquinaria, fabricar abonos sintéticos y pesticidas o criar a los animales en las granjas. Pero además de las emisiones de CO_2 derivadas del uso de esta energía, la actividad agropecuaria libera otros gases de efecto invernadero: **metano** y **óxido nitroso**.

El ganado, sobre todo el vacuno, produce metano (CH_4) durante la digestión y lo libera con los eructos y con el estiércol, y los fertilizantes nitrogenados que se aplican a los cultivos liberan óxido nitroso (N_2O).

Se calcula que la cría de animales genera alrededor del 6 % de las emisiones mundiales de gases de efecto invernadero, y el óxido nitroso que se produce en el conjunto de cultivos es el 4,1 %.

El cultivo de arroz en campos inundados también produce metano (1,3 % del total de emisiones), pero genera cuatro veces menos emisiones que el ganado para producir un alimento que abastece a miles de millones de personas y representa una quinta parte de las calorías de la alimentación mundial.

La carne que comemos tiene mucho impacto. No solo por la energía que necesitan las granjas y por las emisiones de metano: también hay que sumar las emisiones de los alimentos del ganado, es decir, el CO_2 de la energía necesaria para el cultivo, el óxido nitroso asociado y, a menudo, las emisiones de la deforestación para implantar el cultivo. Por todo ello, los alimentos vegetales tienen mucho menos impacto que la carne, tanto si los comparamos por peso como por contenido de proteínas o por calorías.

Más emisiones. Residuos, fugas y otros

También nuestros residuos contribuyen al cambio climático. Cuando la materia orgánica se descompone, en los vertederos se produce metano y en los sistemas de aguas residuales se emite metano y óxido nitroso. Asimismo, se liberan gases de efecto invernadero cuando en los campos se queman los residuos de los cultivos después de la cosecha.

Por otra parte, se producen emisiones de metano durante la extracción, procesamiento y transporte de petróleo y gas, en los pozos de petróleo o por escapes en las tuberías.

Otras emisiones se producen directamente en ciertos procesos industriales. Por ejemplo, en la producción de cemento a partir de la piedra caliza y en la industria química de producción de amoníaco se libera CO_2 como subproducto.

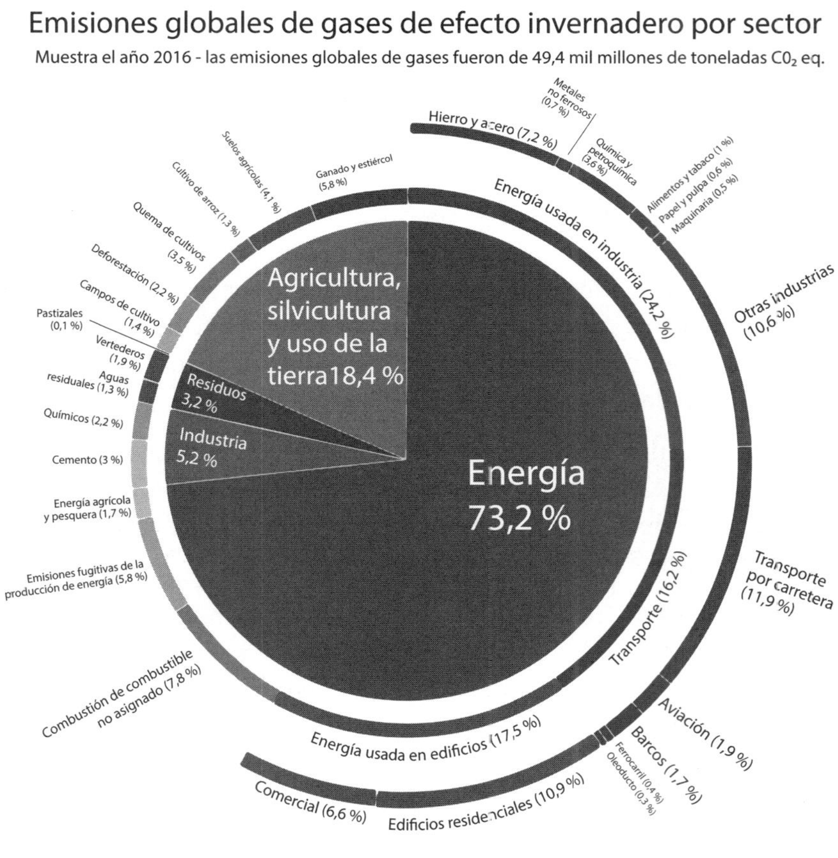

Emisiones globales de gases de efecto invernadero, por sector. Hannah Ritchie (2020) — «Sector by sector: where do global greenhouse gas emissions come from?» Publicado en línea en OurWorldInData.org. Recuperado de https://ourworldindata.org/ghg-emissions-by-sector. Acceso abierto bajo la licencia Creative Commons BY.

¿De quién son las emisiones?

Si te preguntan qué países son los que producen más emisiones de gases de efecto invernadero, seguramente dirás que son los más poblados, y no te equivocarás. En efecto, India, China y Estados Unidos, que son los países más poblados del mundo, son los que generan más emisiones: entre los tres suman más de la mitad del total mundial.

Pero debemos afinar más. ¿Qué ocurre si miramos cuántas emisiones genera cada persona? Podemos calcular la contribución de un habitante dividiendo las emisiones totales del país por su población. Esto nos da las emisiones de CO_2 per cápita.

Entonces resulta que, aunque China es el país con mayores emisiones, una persona estadounidense produce casi 15 toneladas de CO_2 de media, comparado con las 8 toneladas que corresponden a un habitante de China. Y tanto un típico estadounidense como un chino emiten mucho más que la media mundial, que es de 4,7 toneladas por persona. En cambio, India queda muy por debajo de esa media, con solo 1,9 toneladas per cápita.

Al igual que India, otros países muy poblados, como Pakistán (5.º país más poblado), Nigeria (6.º) y Bangladesh (8.º) quedan muy debajo en el ranking de emisiones totales, y tienen unas emisiones por persona bajísimas (Pakistán 0,99t, Nigeria 0,64t, Bangladesh 0,55t).

Los principales emisores de CO_2 per cápita del mundo son los países productores de petróleo, especialmente los que tienen una población relativamente pequeña. La mayoría se encuentran en Oriente Medio (Qatar, Kuwait, Emiratos Árabes Unidos o Arabia Saudí emiten entre 20 y 35 toneladas por persona). Detrás de estos se sitúan algunos países ricos, como Australia, Estados Unidos y Canadá, en torno a 15 toneladas por persona.

En el otro extremo, muchos de los países más pobres de África, como Somalia, Níger o Chad, emiten menos de 0,1 toneladas per cápita. En menos de dos días y medio una persona norteamericana o australiana emite tanto como una somalí o nigeriana en un año.

Hay grandes desigualdades en las emisiones de carbono en todo el mundo, no solo entre países sino también entre las personas más acomodadas y las más pobres, dentro de un mismo país. Existe una estrecha relación entre los ingresos y las emisiones de CO_2 por persona.

En resumen, el 10 % de la población más rica del mundo es responsable de casi la mitad de las emisiones, mientras que la mitad de la población mundial más pobre produce en torno al 10 % de las emisiones.

Las emisiones son principalmente de los más ricos, que son quienes más consumen actualmente y también lo han hecho históricamente desde el comienzo de la Revolución Industrial. Es inexacto decir que «la humanidad» es la causante del cambio climático: en rigor, deberíamos decir que lo es sobre todo «una parte de la humanidad». Pero las consecuencias afectan a todo el mundo, y los menos responsables del cambio climático son los que sufren las peores y tienen menos opciones para adaptarse.

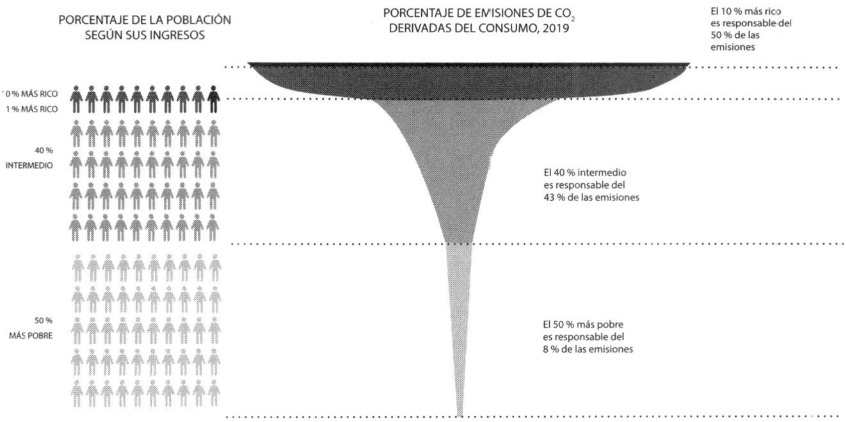

*Porcentaje de emisiones de CO_2 derivadas del consumo por población mundial. Ashfad Khalfan y otros (2023). **Igualdad climática: Un planeta para el 99 %**. Oxfam International. 10.21201/2023.000001. Recuperado de: https://makerichpolluterspay.org/climate-equality-report/*

Capítulo 6

ECOANSIEDAD EN POSITIVO

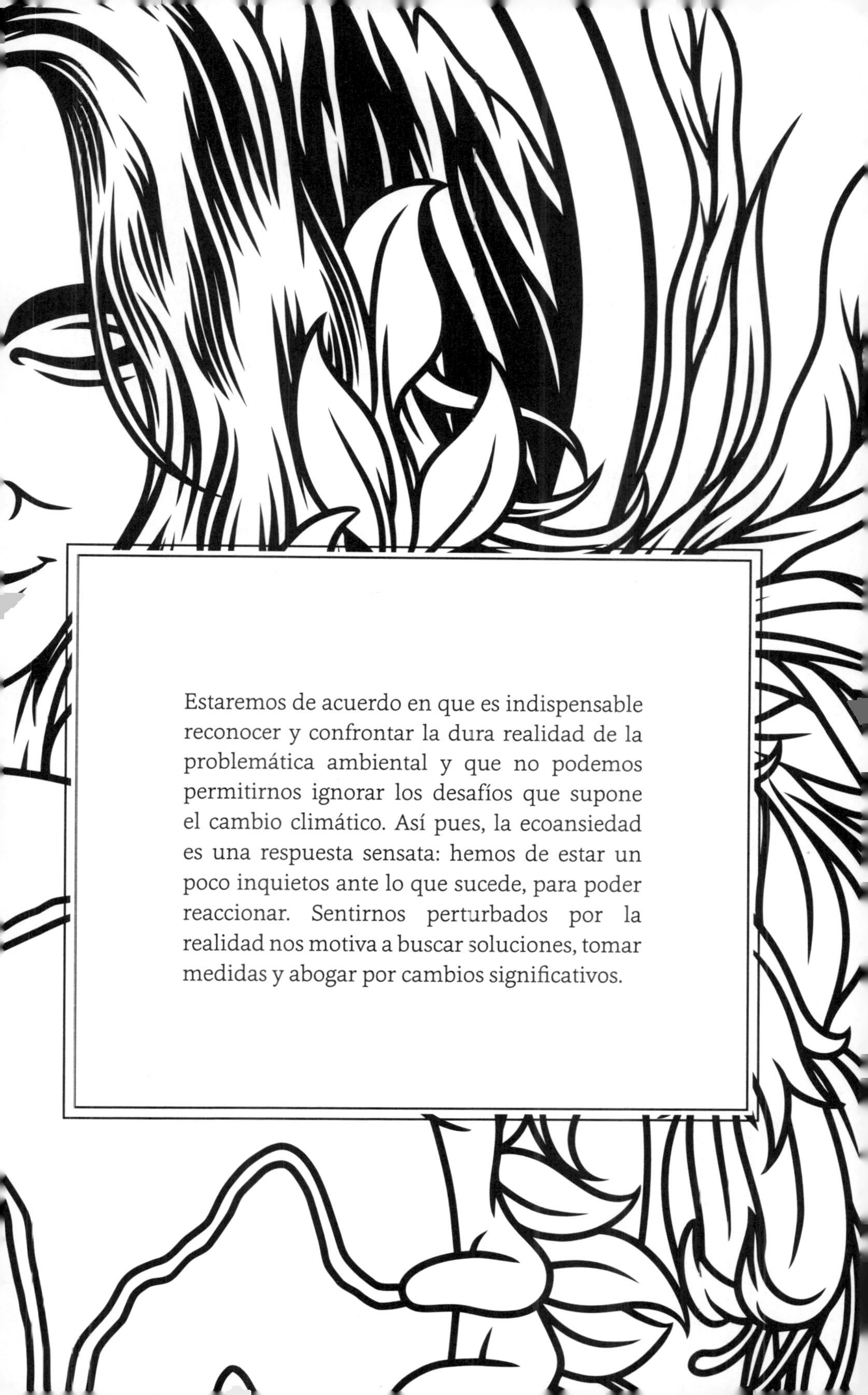

Estaremos de acuerdo en que es indispensable reconocer y confrontar la dura realidad de la problemática ambiental y que no podemos permitirnos ignorar los desafíos que supone el cambio climático. Así pues, la ecoansiedad es una respuesta sensata: hemos de estar un poco inquietos ante lo que sucede, para poder reaccionar. Sentirnos perturbados por la realidad nos motiva a buscar soluciones, tomar medidas y abogar por cambios significativos.

De la preocupación a la acción

Ante la ecoansiedad que nos causa el cambio climático existen dos caminos: caer en la apatía y la negación o, por el contrario, canalizar la preocupación en acciones positivas para revertir la situación que nos inquieta.

La ecoansiedad es un problema si nos paraliza. Pero las emociones fuertes pueden ser también un recurso poderoso para enfrentar el cambio climático y encontrar formas significativas de actuar.

Al sentir la alarma que nos sintoniza con los desafíos del entorno, tenemos un doble objetivo: **permanecer funcionales**, es decir, mantener la capacidad de llevar a cabo nuestra vida y actividades diarias, a pesar de la inquietud, y **encontrar formas de responder de manera efectiva** y constructiva a los problemas que nos inquietan, en lugar de sucumbir a la ansiedad paralizante. Reconocer y procesar la ecoansiedad es importante tanto para nuestro bienestar personal como para poder concentrarnos en tomar decisiones convenientes.

Cuando la intranquilidad ante la situación nos impulsa a **reflexionar, a hablar con otras personas, y a obtener información** que nos ayude a tomar decisiones más informadas y mejores, podemos hablar de una **ecoansiedad «práctica»**, que nos lleva a la acción. No nos mueve simplemente un impulso de deshacernos de las emociones incómodas, sino la voluntad de **contribuir a la solución** lo mejor que podamos. Y pasar a la acción también nos proporciona un sentido de propósito y de realización que favorece el bienestar emocional.

En cambio, desoír la alarma, evitar o negar nuestra perturbación, perpetúa nuestro malestar y nos conduce a la inacción ante los problemas. La respuesta no puede ser la parálisis, sino la acción.

Plantar cara

¿Soy capaz de sostener el malestar durante unos minutos? ¿Puedo sentir miedo y tristeza por lo que está sucediendo, y entender que estoy aquí y tengo que tomar decisiones? Esto me da un espacio para reflexionar y también para encontrar respuestas. Como ya comentamos al hablar del proceso emocional, sentir y observar conscientemente nuestro estado de ánimo nos permite generar nuevos pensamientos más positivos y fortalecernos para responder a la situación de manera adecuada. En palabras de Caroline Hickman, integrante de la Alianza de Psicología Clínica, «es conveniente explorar las dinámicas inconscientes que se interponen en nuestro camino frente a la realidad del cambio climático, y enfrentarnos a nuestra negación y apatía. Al reconocer los sentimientos dolorosos, podemos empezar a ver su potencial transformador».

A menudo vemos el miedo y la tristeza como signos de debilidad, como algo que hay que negar, o que hay que procesar lo antes posible. Pero, aunque es difícil percibirlo cuando estamos inmersos en las emociones, trabajar con nuestro duelo, enfrentar nuestro miedo o regular nuestra rabia son ejercicios que alimentan nuestra humanidad y compasión e incrementan nuestra sabiduría y humildad. La psicoterapeuta británica Susie Orbach nos recuerda que «Los sentimientos pueden hacernos humildes y hacernos fuertes. No es una contradicción, solo diferentes aspectos de la subjetividad humana que pueden impulsarnos a pensar y actuar».

Plantamos cara a la ecoansiedad cuando nos decidimos a hacer frente a los miedos en lugar de quedar atrapados en ellos, cuando escogemos tener el valor de convertir la rabia en energía, la preocupación en acción.

Transformar la ecoansiedad en acción implica encontrar tiempo y espacio para **lidiar con nuestras emociones.** Es importante poderlas expresar y compartir y también identificar y emprender, junto a otras personas, **actividades constructivas** para contribuir a afrontar los problemas que nos inquietan.

Entrar en el círculo virtuoso

A veces nos encontramos en bucle, en un círculo vicioso. «¡Es terrible! ¡Estamos fatal! Es una catástrofe sin solución, no importa lo que yo haga, nunca nos pondremos de acuerdo para dar una respuesta global...» Pero por más que lo repitamos, nada cambiará. Dar vueltas a la preocupación con impotencia no soluciona nada.

¿Quién maneja el control remoto de mis emociones y pensamientos?, ¿quién decide qué pensar, qué sentir? ¡Solo yo soy dueña de mi cabeza!

Si ponemos el foco en algo que no depende de nosotros, si nos obsesionamos con algo que no podemos hacer, el mundo se nos cae encima. Mejor centrar las energías en lo que sí podemos hacer. Se trata de ocuparnos en vez de preocuparnos.

De hecho, en su origen, la palabra *preocupación* indica justamente «a lo que hay que enfrentarse antes de pasar a la acción (ocuparse)» pero hemos desvirtuado el concepto.

Explorando cambios realistas e identificando pasos prácticos y compañeros de camino, podemos comenzar un ciclo virtuoso que nos lleve desde la preocupación sobre el cambio climático al emprendimiento de acciones que reduzcan nuestro impacto y concreten cambios positivos en el entorno. La experiencia gratificante y el aprendizaje obtenido nos animarán a emprender nuevas iniciativas. Y puede que nuestra determinación y nuestros actos inspiren y motiven a otros a unirse a la acción climática.

Capítulo 7

CARGAR PILAS

Sabemos que pasar a la acción es la respuesta adecuada al estímulo de nuestras emociones perturbadoras y también el único remedio eficaz para aliviarnos del malestar que nos producen. Pero quizás sintamos que no podemos movernos, que no tenemos fuerzas para dar los pasos necesarios. A veces no nos sentimos preparados. O nos desmoronamos ante intentos fracasados. Entonces necesitamos cargar pilas. ¡Nadie puede servir agua de una jarra vacía!

Es de vital importancia no perder de vista las necesidades propias. Nos interesa, y mucho, potenciar nuestro bienestar emocional y saber encontrar satisfacción en la vida diaria. Solo desde ahí podremos enfocar la energía hacia acciones efectivas para lidiar con las amenazas ambientales.

Hay algunas cosas importantes que podemos hacer para fortalecer nuestra salud (mental y física), protegernos, empoderarnos y equiparnos para la acción efectiva.

Cuidarnos

Si nos dicen *cuidarse* quizás pensemos en una escapada a un balneario o en consentirnos con algún capricho. Aunque estas pueden ser formas de cuidado personal, el autocuidado es mucho más. Se refiere a cuidarnos física y emocionalmente para estar en paz con nosotros mismos. Significa atender las propias necesidades para poder ofrecer lo mejor en nuestras relaciones, compromisos, estudio, trabajo, ocio y cualquier faceta de la vida.

Cuando lidiamos con factores de ansiedad y estrés, practicar el cuidado personal es parte de la solución. Al cuidarme me estoy diciendo que soy una prioridad para mí misma y que mis necesidades son pertinentes.

El autocuidado es una práctica diaria que podemos incorporar a nuestras rutinas de distintas maneras. Algunas formas de cuidar de una misma son dormir lo suficiente, comer alimentos saludables, hacer ejercicio, relacionarnos con las personas que nos importan. También lo son participar en algo creativo o dedicar tiempo a actividades que nos brinden alegría y tranquilidad, como leer, escuchar música, dar un paseo, recibir un masaje, disfrutar de un espectáculo, practicar una afición o simplemente respirar profundamente.

> Cuando nos libramos de una preocupación solemos decir: *¡Ya puedo respirar!* Pero no siempre recordamos que el proceso inverso también funciona y el simple hecho de respirar profundamente ayuda a calmar nuestra mente.

Lo que elijamos hacer es algo personal y no hay una forma incorrecta de cuidarse, siempre que lo que se haga sea positivo para el propio bienestar general. Cada persona es única, de manera que conviene explorar y encontrar lo que funciona mejor para cada cual.

El cuidado físico permite relajar el cuerpo y liberar el estrés, mientras que cuidar la salud emocional permite prestar atención a cómo nos sentimos, descansar mentalmente de las situaciones agotadoras o darnos permiso para decir que no.

Si estamos en sintonía con nuestras necesidades y nos tomamos el tiempo para cuidarnos, estaremos mejor equipados para emprender cualquier proyecto o atender las necesidades de otras personas.

Ponernos límites saludables

No podemos con todo. También cuando se trata de los problemas ambientales es bueno conocer nuestros límites. Estar constantemente pendiente de las noticias sobre eventos climáticos extremos en los medios de comunicación, conectarse 24/7 a los desastres angustiantes compartidos en las redes sociales, navegar durante horas por internet a través de las crisis ecológicas no solucionará ningún problema real, pero hará que me sienta fatal al cabo del día.

Limitar la exposición a los medios, tomarse un descanso de las redes sociales y desconectar a menudo es una decisión muy saludable. Asimismo, centrar la atención en unos pocos temas clave y limitarse a recibir noticias y contenido relacionado con el cambio climático en cantidades y momentos específicos puede ser útil para evitar sentirse abrumada.

Establecer límites saludables contribuirá a disminuir nuestra ansiedad y a encauzar los esfuerzos hacia acciones reales.

Sintonizar con los demás

El malestar emocional puede hacer que las personas nos sintamos solas, especialmente si no somos conscientes de que otras también experimentan problemas parecidos.

Pero no estamos solos, ni tenemos que enfrentar el cambio climático en solitario. Sintonizar con los demás es crucial.

Renée Lerzman es una investigadora y formadora norteamericana que aplica sus conocimientos psicológicos para intentar desbloquear la inacción ante la crisis climática. Ella explica, en una charla TED, cómo el hecho de sintonizar con sus compañeros de curso hizo que se sintiera mejor y la condujo a iniciar su carrera de investigación:

> «Yo era estudiante de primer año de estudios ambientales en la universidad, que es básicamente un semestre de muy malas noticias sobre todas las formas en que los humanos hemos dañado profundamente nuestra hermosa Tierra. Y sentí que me habían arrastrado a un túnel oscuro sin herramientas para salir de él, y aun así quería continuar con mi vida cotidiana como si todo fuera normal. Pero una vez que estamos expuestos a esta información, las cosas ya no son normales. Estaba preocupada, aterrorizada.
>
> Nadie hablaba del tema y estuve a punto de abandonar la universidad, de verdad. Pero me inscribí en un estudio de campo en California, y fui allí con un pequeño grupo de mochileros durante dos meses (...). Lo que sucedió fue que conversamos mucho. Hablamos sobre cómo nos sentíamos en relación con el mundo, de forma honesta y abierta. Nadie me dijo en ningún momento que fuera más positiva u optimista. Nadie. Y sorprendentemente empecé a sentirme mejor. Me sentí preparada para enfrentar estos problemas, que antes me habían parecido insuperables, de manera más frontal. Y tuve una epifanía: ¿qué pasaría si al entendernos a nosotros mismos y entre nosotros pudiéramos superar esta crisis de una manera nueva, diferente?
>
> Cuando regresé, me dediqué a estudiar psicología clínica, e investigué la relación entre trauma, pena y creatividad (...). Y esto se ha convertido en mi misión: tomar conceptos de la psicología y traducirlos en recursos y herramientas con el fin de apoyar a quienes trabajan en primera línea para cambiar las cosas».

Las conexiones interpersonales crean en nosotros una sensación de cohesión con nuestra comunidad y configuran una valiosa red de apoyo emocional y práctico.

Podemos conectar con personas que comparten nuestras preocupaciones y valores, ya sea en grupos locales o en línea. En nuestro entorno existen grupos autoorganizados o colectivos activistas, en los que poder hablar de lo que sentimos y de lo que nos preocupa y en los que hallar empatía y complicidades. Asimismo, establecer contacto es útil para conocer gente afín e incluso formar nuevas amistades, cuando alguien desea alejarse de un medio insensible a los problemas que le preocupan. También en la red se pueden encontrar grupos de apoyo entre pares.

La red *Good Grief Network* ofrece un programa de diez pasos diseñado para ayudar a los participantes a superar sus sentimientos de dolor, ansiedad y otras experiencias de angustia ecológica.

Compartir experiencias y perspectivas, además de brindar apoyo emocional y conexión social, puede generar ideas para la acción y fomentar la construcción de comunidades comprometidas. Una de las mejores maneras de conectar con otros es trabajar juntos en proyectos comunitarios. Participando en iniciativas colectivas de transformación socializamos y experimentamos sentido de pertenencia, a la vez que llevamos a cabo acciones efectivas.

Sintonizar con la naturaleza

Además de conectar con otros seres humanos, nos hará bien sintonizar con la naturaleza.

La naturaleza tiene un impacto positivo sobre la salud mental y el bienestar emocional. Estar en un entorno natural nos hace sentir bien. Las imágenes y las sensaciones, la luz que se filtra entre los árboles o se refleja en el agua, el rumor de las olas, del viento y del río, el sonido de los pájaros, el olor de las flores, de la resina o de la tierra mojada... Todo ello calma nuestra mente, nos relaja, potencia un sentimiento de paz.

Los beneficios, e incluso la necesidad, del contacto con la naturaleza, se han documentado en numerosos estudios científicos. Aún no está del todo claro cómo actúa, pero hay algunas cosas que sabemos. La investigación sugiere que existen conexiones sólidas entre el tiempo pasado en la naturaleza y la reducción de la ansiedad y la mejora del bienestar emocional en general. Estar en un entorno natural suele reducir los niveles de cortisol, la hormona del estrés, de manera que promueve la relajación y nos ayuda a sentirnos más tranquilos. La exposición a la luz solar también puede aumentar la producción de serotonina, un neurotransmisor relacionado con el bienestar. Además, los ambientes naturales ofrecen distracciones saludables y la oportunidad de desconectar de las preocupaciones, lo cual ayuda a reducir la rumiación y a romper el bucle del pensamiento negativo. En conjunto, pasar tiempo al aire libre y en entornos naturales se asocia con la mejora del estado de ánimo y un aumento de la positividad y la felicidad.

Una teoría que explica los beneficios cognitivos que proporciona la naturaleza es la Teoría de la Restauración de la Atención, popularizada por Stephen y Rachel Kaplan.

Esta teoría explica que existen dos sistemas de atención. Uno es la **atención dirigida**, que requiere una concentración prolongada, evitando las distracciones y, como resultado, es propensa a la fatiga mental. Sería la atención necesaria para, por ejemplo, estudiar para los exámenes o trabajar en un proyecto exigente.

El otro es la **fascinación suave**, que no requiere concentración e implica una reflexión sin esfuerzo. Esta es la que ejercemos en entornos naturales.

Así que el contacto con la naturaleza es restaurador, tiene la capacidad de renovar nuestra atención después de un gran esfuerzo mental y permite que nos recuperemos del agotamiento y repongamos los recursos.

¡No olvidemos tomar «Vitamina N» (N por naturaleza) en dosis frecuentes y regulares para capturar este ingrediente tan beneficioso para nuestro bienestar emocional! Contemplar una puesta de sol, el océano o las montañas, o simplemente sentarnos en un parque, nos proporciona la oportunidad de descansar, reflexionar y recargar energía.

La naturaleza nos toca de lleno. Nos conmueve porque nos incumbe. Nosotros mismos somos naturaleza y experimentarlo nos hace sentir plenamente vivos. Sintonizar con el prodigioso mundo natural que nos rodea, el todo del que formamos parte, es también atendernos a nosotros mismos.

Instalación **Bosque fantasma**, *de la artista* Maya Lin, *formada por un imponente grupo de cuarenta y nueve cedros blancos del Atlántico que resultaron muertos en la zona de Pine Barrens, Nueva Jersey, a causa de la inundación de agua salada debido al cambio climático. Madison Square Park, Nueva York (mayo-noviembre 2021).*

Escribir y expresar

Escribir sobre nuestras vivencias y sentimientos es terapéutico. En primer lugar, nos brinda una forma segura y privada de dar voz a nuestras preocupaciones y miedos de manera libre y sin juicios. El acto de escribir en sí mismo puede actuar como una válvula de escape para liberar la tensión, puesto que cuando ponemos los pensamientos en papel, es menos probable que ronden dando vueltas por nuestra mente. A la vez, permite liberar emociones. En el caso de la rabia, especialmente, es un excelente modo de desahogarse. ¡Se experimenta un alivio y una ligereza increíbles después de expresar los sentimientos por escrito!

Además, escribir nos hace más conscientes de lo que estamos viviendo, porque lo interiorizamos y reflexionamos sobre ello, de manera que lo podemos entender mejor. Nos ayuda a organizar las ideas y nos aporta claridad mental, así que resulta más fácil estructurar nuestros pensamientos, analizarlos de manera más objetiva y planificar pasos para abordar nuestras preocupaciones.

Asimismo, la escritura regular nos permite hacer un seguimiento a lo largo del tiempo y ver nuestra evolución. Podemos observar cómo hemos enfrentado y superado desafíos anteriores, lo que puede aumentar la confianza en la propia capacidad para afrontar la situación. Y si escribimos sobre nuestros logros y momentos de gratitud, podemos reforzar positivamente nuestros esfuerzos y sentirnos mejor.

Llevar un diario, aunque no se escriba cada día, permite aprovechar al máximo estos beneficios. Algunas personas establecen la rutina de escribir unas pocas líneas diariamente, antes de acostarse. Se trata de ver lo que funciona mejor para cada uno.

Pedir ayuda

Si la ecoansiedad nos impide disfrutar activamente de nuestra vida y de nuestras relaciones y no estamos encontrando la manera de transformarla en acciones útiles, no debemos dudar en buscar apoyo emocional. Puede ayudarnos tener una conversación con alguien del entorno —un buen amigo, un familiar, un profesor, una orientadora—, pero también podemos contar con un psicoterapeuta.

No hay que tener ningún reparo en buscar apoyo profesional si comenzamos a notar que nuestras emociones nos abruman o interfieren significativamente en nuestra vida diaria. El acompañamiento psicológico no es solo para las personas que padecen patologías graves, sino también para aquellas que queremos mejorar algunos aspectos de nuestra vida y desarrollar nuestro potencial. Como dice la psicóloga Cristina Freixa, su trabajo es «tratar de ayudar a las personas, para desenredar sus conflictos o para hacer florecer sus virtudes o proyectos». Eso es útil y provechoso para todos. De hecho, es una de las mejores inversiones que se pueden hacer en uno mismo.

La terapia puede ayudarnos a explorar nuestras inquietudes, a reconocer y procesar nuestros sentimientos negativos y difíciles, y a sentir que tenemos más control sobre nosotros mismos, al tiempo que nos proporciona mejores herramientas para regular las emociones en el futuro.

Los profesionales de la salud mental están bien posicionados para dar orientación sobre cómo afrontar de manera saludable los impactos psicológicos del cambio climático y para intervenir en situaciones de daño a la salud mental.

Capítulo 8

RESPONDER AL DESAFÍO

Una tarea gigante y urgente

Conocidas las causas del cambio climático, está claro que tenemos una tarea ineludible y apremiante: **detener la acumulación de gases de efecto invernadero en la atmósfera**. El CO_2 emitido desde el comienzo de la Revolución Industrial ya está ahí y permanecerá durante miles de años. Aparte de investigar soluciones tecnológicas para capturarlo, que hoy por hoy no tenemos, lo que está en nuestras manos para mitigar el calentamiento global es reducir drásticamente las emisiones cuanto antes.

¡Se dice pronto! Funcionamos con un sistema energético y económico que hemos construido durante casi 300 años y ahora tenemos que transformarlo en pocas décadas.

Es urgente actuar porque cuanto más tardemos en tomar medidas para reducir las emisiones de gases de efecto invernadero y mitigar el cambio climático, más desafiante y costoso será proteger las comunidades y los ecosistemas vulnerables y evitar consecuencias nefastas. La crisis climática es un tema sensible al tiempo que requiere acción inmediata y decidida.

Respuestas decisivas

Conocemos la tarea que tenemos ante nosotros: reducir lo más rápido posible las emisiones de efecto invernadero. Este es un objetivo que debemos abordar de manera conjunta en diversos ámbitos.

Energía sin emisiones

Puesto que la energía es la principal fuente de emisiones, hay que realizar cambios urgentes en la forma en que la producimos, sustituyendo los combustibles fósiles, que emiten gases de efecto invernadero, por fuentes de energía sin emisiones. Hablamos de energías limpias y renovables, es decir, las que además de no producir emisiones de efecto invernadero, se regeneran de manera natural y, por tanto, son inagotables.

> La **energía solar** es origen de la mayoría de las otras formas de energía en la Tierra. Mediante colectores solares, se puede transformar en energía térmica, y, utilizando paneles fotovoltaicos, se puede transformar en energía eléctrica. Una ventaja es que permite generar energía en el lugar de consumo y así se eliminan las pérdidas en el transporte.

> La **energía eólica** se obtiene de la fuerza del viento a través de unas turbinas que convierten la energía del viento en electricidad mediante aspas que hacen girar un eje conectado a un generador eléctrico. Un parque eólico es un conjunto de aerogeneradores conectados. Algunos inconvenientes de los parques eólicos pueden ser el impacto sobre el paisaje, los efectos sobre la avifauna y el ruido.

> La **energía hidráulica** aprovecha la fuerza de los saltos de agua y la convierte en energía eléctrica mediante un generador de turbina. La más conveniente es la minihidráulica, puesto que las grandes presas que inundan extensas superficies generan el desplazamiento de poblaciones y destruyen patrimonio natural y cultural.

- La **energía geotérmica** puede obtenerse por medio del aprovechamiento de parte del calor interno de la Tierra (5000 °C) que llega a la corteza terrestre. En algunas zonas del planeta, cerca de la superficie, las aguas subterráneas pueden alcanzar temperaturas de ebullición y se pueden usar para accionar turbinas eléctricas o como calefacción. Un inconveniente puede ser el arrastre de metales pesados hacia la superficie.
- La **energía de la biomasa o bioenergía** (leña y otras materias vegetales) es un caso especial. Ha sido usada por la humanidad desde que aprendimos a encender fuego. Actualmente, se puede quemar materia orgánica en una caldera y producir vapor de alta presión que hace girar una turbina para generar electricidad. La biomasa también puede convertirse en combustibles líquidos o gaseosos utilizables para el transporte. Aunque la combustión emite CO_2, este ya había sido absorbido previamente por las plantas mediante la fotosíntesis y, si volvemos a plantar vegetales, seguirán absorbiéndolo. Un caso similar es el de la energía que se obtiene a partir de los residuos sólidos urbanos y de los fangos de las depuradoras y potabilizadoras de agua. Su combustión produce emisiones, pero si no se aprovechara también emitiría igualmente en los procesos de putrefacción.

¿Y la energía nuclear?

La energía nuclear no contribuye al cambio climático porque no produce emisiones de efecto invernadero. Pero no es una energía renovable, porque hay cantidades finitas de uranio. Además, genera residuos radiactivos difíciles de manejar.

Más eficiencia, menos consumo

Todas las fuentes de energía renovable son ventajosas en relación con el cambio climático, no obstante, requieren metales y otros recursos materiales finitos y no están exentas de impactos ambientales. Por ello, además de cambiar la forma en que producimos energía, es necesario **reducir su consumo**.

La industria representa la parte del león en el gasto energético y las emisiones correspondientes. Debemos cambiar la forma de producir bienes y servicios en las industrias, que deben ser eficientes energéticamente y deben adoptar sistemas de producción que hagan posible reutilizar, reparar y reciclar todo lo que utilizamos. Actualmente, el sistema de producción funciona como un motor de extracción continua de recursos sin límite aparente, y de acumulación de residuos de manera creciente. Un enfoque más racional debe permitir, por ejemplo, que un objeto hecho de hierro, al llegar al final de su vida útil, sea refundido para utilizar el metal en la elaboración de otro objeto. En este sentido, ningún producto debería ser «nuevo», sino rehecho a partir de materiales recuperados de otros productos. Es lo que entendemos por economía circular.

Pero hay otro aspecto: ¡consumimos mucho! Y cuanto más consumimos, más emisiones generamos. Nuestra economía mide su éxito, en gran medida, por el aumento en el consumo. La publicidad se encarga de crear deseos y necesidades artificiales y promover un estilo de vida basado en la adquisición constante de **bienes y servicios**. Además, **se ha instaurado una «cultura del descarte», que** tiende a desechar productos y tecnología obsoletos en lugar de repararlos o reutilizarlos, fomentando la compra constante de productos nuevos. Así, una persona europea típica consume y emite como si tuviéramos tres planetas para soportarnos. Pero no los tenemos. Detener el cambio climático y asegurar el futuro exige encontrar alternativas a una economía basada en el crecimiento continuo y que alienta a las personas al consumismo desenfrenado.

Los edificios pueden ser devoradores de energía si el calor se pierde por las ventanas que no ajustan o las paredes mal aisladas: estas son emisiones realmente absurdas, ya que la energía que las provoca no nos hace ningún provecho. Hay que rehabilitar los edificios con problemas de aislamiento, para consumir menos energía y disminuir las emisiones de gases de efecto invernadero. Igualmente, a menudo existen instalaciones (calefacción y refrigeración, agua caliente, iluminación, electrodomésticos, etc.) de bajo rendimiento, que consumen mucha energía: por eso es necesario diseñar equipos electrodomésticos altamente eficientes.

Movernos bien

También debemos cambiar la forma de movernos, porque la movilidad es la responsable de una parte muy considerable de las emisiones de gases de efecto invernadero. Por eso necesitamos disponer de sistemas de transporte público limpios y eficientes, y sustituir todos los vehículos que funcionan con combustibles fósiles. Asimismo, hay que facilitar los desplazamientos a pie y en bicicleta, potenciar el tren y promover los sistemas de vehículo compartido.

En los viajes largos, el tren es el medio de transporte más eficiente. En un mismo trayecto, el tren eléctrico genera de 2 a 5 veces menos emisiones que un vuelo.

Es conveniente recordar que, además de generar emisiones de CO_2, los vehículos que funcionan con gasolina o diésel contaminan el aire con gases nocivos para la salud y cada año provocan millones de muertes por enfermedades respiratorias.

Mejor alimentación

Lo que comemos afecta al clima. Antes de llegar a nuestra mesa, los alimentos han sido producidos, almacenados, elaborados, envasados y transportados, y cada uno de estos pasos supone emisiones de gases de efecto invernadero. Debemos **transformar profundamente el sistema alimentario** para hacerlo mucho más eficiente en el aprovechamiento de los recursos y reducir las emisiones.

En la dieta europea, la carne, los lácteos y los huevos representan la mayor parte de las emisiones alimentarias. ¡Hoy sabemos que los productos animales emiten de 10 a 50 veces más gases de efecto invernadero que los alimentos de origen vegetal! También hay tendencia a comer cada vez más productos procesados, que requieren más energía sin aportar más nutrientes. Una dieta más rica en vegetales y productos frescos de proximidad resulta más saludable y contribuye a disminuir las emisiones. Es imperioso cambiar hábitos, reduciendo el consumo de los alimentos que generan más emisiones de gases de efecto invernadero.

Menos residuos

Prevenir emisiones también es minimizar residuos sólidos y líquidos y gestionarlos correctamente, tanto por lo que se refiere a los desechos agropecuarios como a los residuos industriales y urbanos. Hay que abandonar definitivamente los objetos de usar y tirar, suprimir el exceso de envasado, evitar los desperdicios alimentarios, reciclar todo lo posible y tratar adecuadamente los restos que acabamos generando.

Conservar la naturaleza

Debemos conservar los ecosistemas y la variedad de vida que contienen. Los bosques, las turberas, los manglares y las praderas submarinas tienen una gran capacidad de absorber y almacenar CO_2 y necesitamos forzosamente aprovechar este potencial.

Además, estas comunidades vegetales son un tesoro de biodiversidad, como lo son también los arrecifes de coral, y su conservación es imprescindible para el mantenimiento de la diversidad de los seres vivos. Este es un objetivo que interesa a toda la humanidad, pero que es especialmente relevante para la pesca, el turismo y otros aspectos de la vida, la cultura y la economía de las poblaciones que viven de estos recursos.

Hay que detener la pérdida y degradación de los ecosistemas naturales, tanto terrestres como marinos, y promover su restauración. Asimismo, debe evitarse el comercio de productos que comporten daños a especies protegidas.

Adaptación

Para hacer frente al cambio climático debemos reducir las emisiones, pero también debemos adaptarnos a los cambios inevitables, preparándonos de la mejor forma posible. Se trata de anticiparnos a los riesgos y garantizar la salud, la calidad de vida y la seguridad de las personas, especialmente de las más vulnerables.

La adaptación es una tarea multifacética que requiere soluciones innovadoras y un enfoque integrado para abordar los efectos del cambio climático en todas las áreas de la sociedad. La diversificación de cultivos, la gestión del agua, el diseño de construcciones e infraestructuras más resilientes, la creación de refugios climáticos y sistemas de alerta, la educación y la cooperación internacional son algunas de las principales estrategias.

Un refugio climático es un espacio que proporciona confort térmico a la población en caso de condiciones climáticas adversas, como calor extremo, mientras mantiene su usos o funcionalidad. Pueden ser espacios interiores, como bibliotecas, escuelas o centros cívicos, o exteriores, como parques urbanos. Los interiores suelen estar activados durante todo el año para que puedan utilizarse tanto para hacer frente al calor como al frío. Muchas ciudades están creando redes de refugios climáticos.

Justicia climática: el gran reto

La crisis climática está interconectada con otro gran problema global: la pobreza. Tenemos el enorme desafío de disminuir globalmente las emisiones en un mundo donde una gran parte de la humanidad no llega a cubrir sus necesidades mínimas.

Obviamente, no son las personas que luchan por la supervivencia las que tienen que reducir. Hay sociedades donde será imprescindible aumentar el consumo de energía y de recursos para que la población pueda vivir dignamente.

Dadas las desigualdades en la generación de emisiones y los escasos recursos de gran parte de la población planetaria, es de justicia que quienes más generan **reduzcan radicalmente sus emisiones**. A la vez, deben **compensar** en la medida de lo posible a aquellos que, sin haber contribuido significativamente a la crisis climática, se ven perjudicados por sus efectos, con soluciones que prioricen sus necesidades.

Las políticas climáticas han de basarse en la equidad y los derechos humanos, de modo que contribuyan a minimizar, y no a agravar, las extremas desigualdades que fracturan nuestro mundo.

El verdadero reto es lograr simultáneamente los dos objetivos: **mantener el planeta habitable y asegurar una vida digna para todos sus habitantes**. Lo explica muy gráficamente con su «donut» la economista Kate Raworth: se trata de que toda la población planetaria tenga cabida en un mundo justo y ambientalmente seguro.

La rosquilla de Raworth representa gráficamente el espacio seguro y justo para la prosperidad de la humanidad, resultado de integrar los límites del planeta y los requerimientos del desarrollo humano. El círculo interior es la base, los requerimientos indispensables para una vida digna, y el exterior es el techo ecológico, la capacidad del planeta para sostenernos.

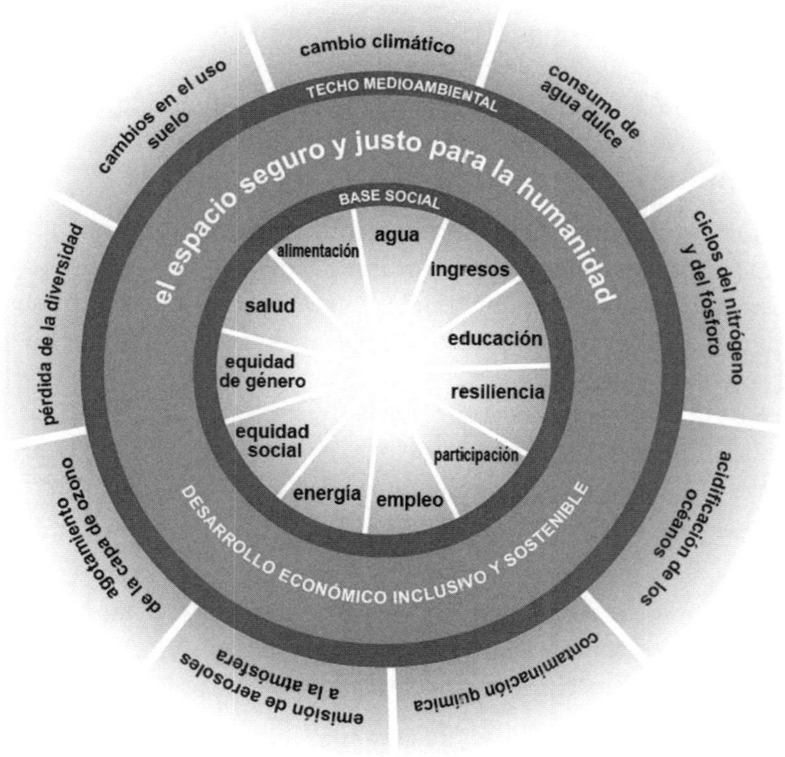

Un espacio seguro y justo para la humanidad – Kate Raworth *(2012) Documento de debate de Oxfam, p.4. Recuperado de https://www-cdn.oxfam.org/s3fs-public/file_attachments/dp-espacio-seguro-justo-humanidad-130212-es_3.pdf*

Respetar los límites

«Somos la primera generación que sabe que está socavando la capacidad de la Tierra de sustentar el desarrollo humano» —afirma Johan Rockström, uno de los científicos que lideró la definición del techo ecológico o fronteras planetarias—. «Esta es una percepción nueva, que puede resultar aterradora [...], pero es también un enorme privilegio porque significa que somos la primera generación consciente de que necesita pilotar una transformación hacia un futuro globalmente sostenible».

La **prosperidad humana** depende de la prosperidad planetaria. No hay riqueza ni bienestar posible en un planeta inhabitable. La economía no flota en el vacío, sino que se sustenta en los sistemas naturales. No es un proceso autosuficiente que pueda crecer indefinidamente, y **no puede haber crecimiento infinito en un planeta finito**. Un sistema económico sostenible debe aceptar estos límites.

Erróneamente identificamos crecimiento y desarrollo. Como señala el economista Tim Jackson, «confundimos el exceso con el progreso». Al obsesionarnos con un crecimiento económico constante, perdemos de vista que el aumento del PIB no se correlaciona directamente con una mejora en la calidad de vida, ni tiene en cuenta cómo se distribuye la riqueza entre la población, ni refleja los problemas ambientales y sociales. En palabras de Kate Raworth, «tenemos una economía que necesita crecer, nos haga prosperar o no; necesitamos una economía que nos haga prosperar, crezca o no».

Desde esta consciencia hemos de disminuir la presión sobre los sistemas que sustentan la vida y mantienen el planeta habitable, y al mismo tiempo cuidar de la humanidad, garantizando los derechos de las personas. De eso hablamos cuando hablamos de **sostenibilidad**.

La sostenibilidad exige **no desaparejar emergencia ambiental y justicia social**. Ni podemos buscar el progreso económico y social desentendiéndonos de la degradación de los sistemas naturales que son soporte de la vida, ni es suficiente centrarnos en resolver problemas ambientales ignorando las necesidades de las personas para una vida digna. Hay que entender las dos dimensiones del reto y asumir que tenemos que afrontar ambas de manera simultánea.

Una oportunidad

Si bien la gravedad de la crisis climática es desalentadora, también presenta una oportunidad para un cambio transformador. Dejando atrás una forma obsoleta de vivir, hay espacio para lo nuevo y la posibilidad de imaginar un futuro mejor.

Dice el compositor británico Brian Eno, que es también un activista climático:

> «He dejado de utilizar la expresión "crisis climática" para llamarla "oportunidad para la civilización". En vez de ver el cambio climático como una lucha o una carga que debemos arrastrar y soportar, ¿qué pasaría si decidiéramos animarnos con las posibilidades que el futuro nos ofrece? La humanidad puede reimaginarlo todo. Para hacer frente a la crisis climática, debemos hacer muchas cosas distintas: debemos cambiar la economía, la industria, nuestra relación con la naturaleza, entre nosotros y con el planeta. Esta es la conversación que deberíamos mantener desde hace mucho tiempo. Nunca he querido vivir en una sociedad en la que algunos son fenomenalmente ricos y otros increíblemente pobres, aunque esté en el lado rico. Tenemos la oportunidad histórica de pensar qué tipo de mundo queremos y cómo formar parte de este».

Todo lo que debemos hacer en respuesta al cambio climático nos conduce a un mundo más limpio, más justo e inteligente en la forma de usar la energía y los materiales.

La gran mayoría de personas queremos que se tomen las decisiones adecuadas y se destinen los recursos necesarios para emprender cambios urgentes en la alimentación, la electricidad, el transporte, la industria, los edificios y el uso del suelo. No solo para reducir las emisiones de gases de efecto invernadero, sino también para mejorar las condiciones de vida, la salud y el bienestar de los que más lo necesitan.

Tenemos la oportunidad de actuar y también la capacidad de hacerlo. Y aún estamos a tiempo.

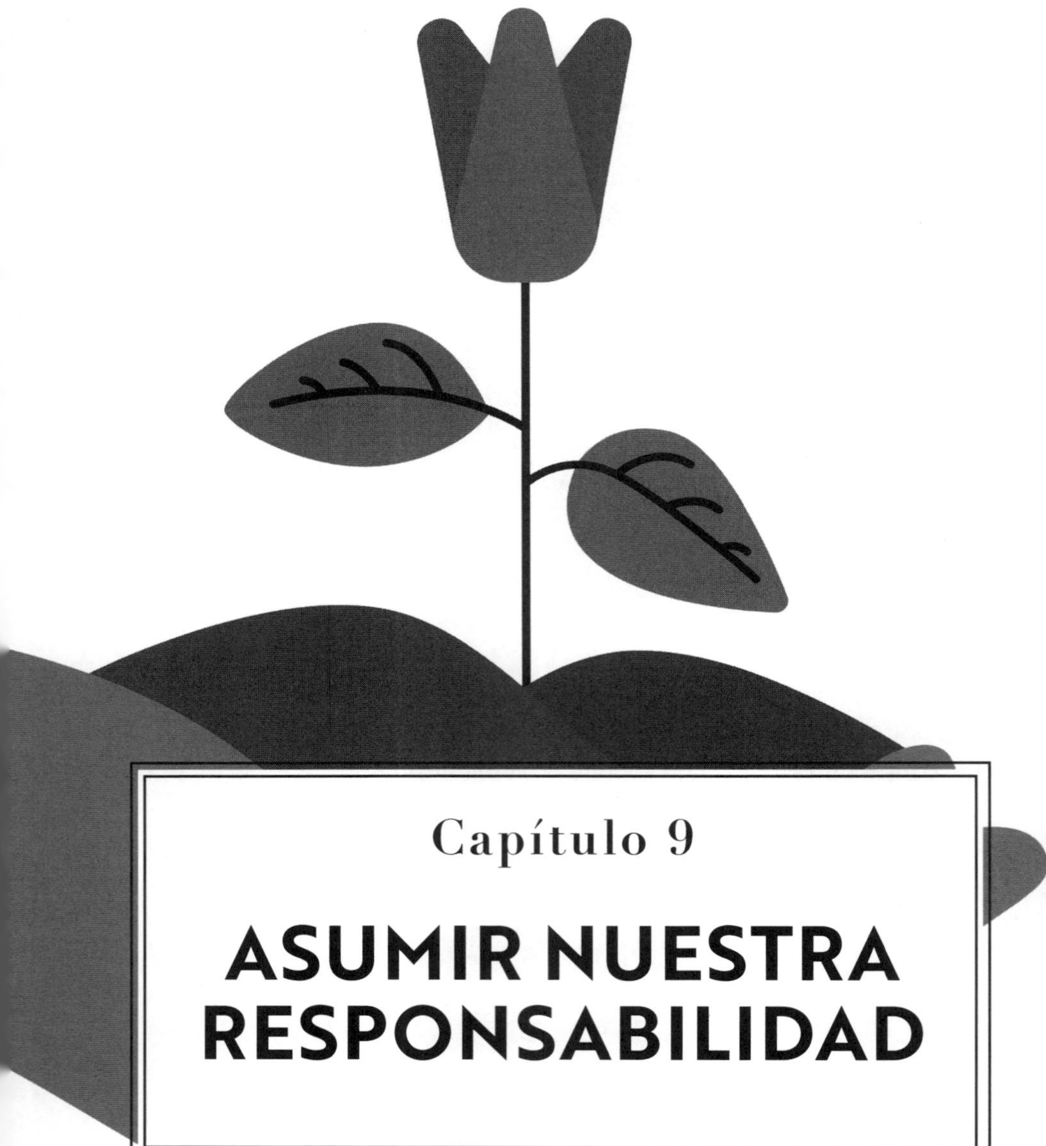

Capítulo 9

ASUMIR NUESTRA RESPONSABILIDAD

Mirando atrás sin rencor

Los gases de efecto invernadero que causan el cambio climático se han estado acumulando en la atmósfera desde el inicio de la Revolución Industrial. Generaciones sucesivas de antepasados nuestros pensaron estar trabajando para el progreso de la humanidad y, efectivamente, lo hicieron. Ignoraban por completo los efectos que quemar carbón, gas o petróleo tendrían sobre el clima.

A finales del siglo XIX Arrhenius ya se dio cuenta del rápido crecimiento de las emisiones de dióxido de carbono, y dijo que era probable que los avances de la industria condujeran en pocos siglos a una atmósfera más rica en CO_2 y, por tanto, más cálida. Sin embargo, su perspectiva de ciudadano de un país nórdico —Suecia— con un clima frío, junto con una visión optimista del progreso, le hicieron escribir: «Mediante la influencia de un porcentaje cada vez mayor de ácido carbónico en la atmósfera, podemos esperar disfrutar de períodos con un clima más templado y mejor, especialmente en lo que se refiere a las regiones más frías, lo que significará que la tierra producirá mejores y más abundantes cosechas que beneficiarán al género humano».

Es inevitable preguntarse cómo habrían podido reconducirse las cosas, si cien años atrás los científicos hubieran valorado de manera más realista el proceso y quienes tenían poder de decisión les hubieran hecho caso. Sin ir tan lejos, la situación habría sido mucho más fácil de resolver, si se hubieran tomado en consideración las medidas que Keeling recogía en el Mauna Loa a mediados del siglo XX. O incluso, en las décadas de 1970 y 1980, cuando gobiernos y compañías petroleras ya disponían de información suficiente para evaluar la gravedad de la situación. Pero las empresas la negaron durante años para proteger a sus inversores —en una lamentable visión a corto plazo—, y los gobiernos miraron hacia otro lado, de forma aún más incomprensible.

Finalmente, en 1988 se creó el Grupo Intergubernamental de Expertos sobre el Cambio Climático, conocido por sus iniciales como IPCC. Es un grupo de científicos independientes, surgido de la Organización Meteorológica Mundial y de la Organización de las Naciones Unidas (ONU), cuyo objetivo es evaluar el conocimiento sobre el cambio climático y sus impactos, proporcionando a los gobiernos información objetiva y basada en evidencias para tomar decisiones informadas. Desde sus inicios ha elaborado diferentes informes con datos claros y fiables, que nos advierten de que son necesarias medidas urgentes, contundentes y efectivas.

Una referencia explícita al cambio climático apareció por primera vez en la portada de un periódico, en 1988, después de que James Hansen, entonces director del Instituto de Estudios Espaciales de la NASA, declarara ante el Senado de EE. UU. que las emisiones de CO_2 estaban cambiando el clima.

Compromiso global

En 1992 la Conferencia de las Naciones Unidas sobre el Medio ambiente y el Desarrollo, conocida como «Cumbre de la Tierra de Río de Janeiro», fue una reunión histórica de líderes de todo el mundo para discutir cuestiones ambientales, incluido el cambio climático. Durante la cumbre se adoptó la **Convención Marco de las Naciones Unidas sobre el Cambio Climático**, que entró en vigor en 1994 y sentó las bases para futuros esfuerzos internacionales en la lucha contra el cambio climático.

El objetivo de la Convención es estabilizar las concentraciones de gases de efecto invernadero en la atmósfera a niveles que permitan que el planeta siga siendo habitable. Los países miembros se reúnen todos los años para evaluar el progreso en la implementación de la convención y negociar nuevos acuerdos y compromisos. Estas reuniones internacionales se conocen como **COP (Conferencia de las Partes)**, nombre que hace referencia a los países, o «partes» de la Convención.

Llegar a resoluciones es muy difícil, dada la complejidad de que más de 150 países se pongan de acuerdo. Se puede criticar la excesiva burocracia y la lentitud de los progresos, la desmesura de recursos dedicados a las reuniones y la falta de determinación en ciertos aspectos, pero, a pesar de todo, las COP han sido clave para conseguir avances en la conciencia global y el compromiso político respecto a la crisis climática. Uno de los momentos destacados fue la adopción del **Protocolo de Kioto** en 1997 durante la COP3, que estableció objetivos vinculantes de reducción de emisiones para los países desarrollados. Pero seguramente la reunión más fructífera fue la COP21, en 2015, donde se adoptó el **Acuerdo de París**, que establece objetivos para limitar el aumento de la temperatura global muy por debajo de los 2 °C, intentando que no rebase 1,5 °C. Es un objetivo ambicioso y para lograrlo es necesario cambiar la forma en que producimos y consumimos energía en todo el mundo.

A través de las COP, los países presentan y actualizan sus Contribuciones Nacionalmente Determinadas (NDC, por sus siglas en inglés), que son compromisos nacionales para reducir las emisiones. Las conferencias abordan también cuestiones relacionadas con la financiación de la acción climática. Además, son acontecimientos que generan mayor conciencia pública y mediática sobre el cambio climático, contribuyendo a la movilización de la sociedad y a la presión para que los gobiernos tomen medidas más sólidas.

El hecho de que las COP existan ya implica reconocer explícitamente por parte de los gobiernos que nuestro sistema de producción y estilo de vida daña el planeta y amenaza nuestro futuro. Ahora, el éxito dependerá de la efectiva implementación de las medidas acordadas.

Hora de actuar sin excusas

El cambio climático está en marcha desde hace tres siglos y la manera de producir y consumir actual no hace más que acelerarlo. No es cuestión de culpar a generaciones anteriores, sino de tener una visión lúcida y crítica de los efectos indeseados de nuestro sistema de vida y de actuar con responsabilidad, reclamando que cada cual asuma la suya a su nivel.

Pese a la clara alerta científica, algunos sectores han intentado crear dudas sobre la existencia del cambio climático. A esta actitud se le llama **negacionismo**. El objetivo de los negacionistas es intentar evitar que se tomen medidas que frenen la industria y el crecimiento, al igual que las grandes empresas de tabaco negaron, durante décadas, que hubiera relación entre el hábito de fumar y el cáncer de pulmón. Los negacionistas han influido sobre los estados y han contribuido a retrasar la necesaria respuesta, poniendo el propio beneficio económico por encima de la seguridad del conjunto de la humanidad.

Sin embargo, al mismo tiempo, las evidencias científicas y los efectos que ya estamos sufriendo han creado un gran **movimiento social global** que reclama actuar sin excusas.

Hemos perdido un tiempo precioso para actuar, y ya no podemos perder más. Toca tomar decisiones rápidas y eficaces para reducir las emisiones.

No es mi culpa, es mi responsabilidad

Hay una gran diferencia entre sentirse culpable y sentirse responsable.

Como ya comentamos al hablar de las emociones, la culpa es productiva solo si al sentirla nos hacemos conscientes de un error y pasamos a repararlo, pero es inútil si nos hunde y nos impide actuar.

La responsabilidad es nuestra habilidad para responder a una situación. Nos lleva a comprender qué podemos hacer para solucionar un problema, para defendernos, para luchar, para cambiar. La responsabilidad nos motiva y nos activa. Es el principio de la proactividad.

¿Por qué tengo que actuar yo, si no es mi culpa? Pues si el problema lo tengo yo, si me afecta, me toca ser responsable. No importa de quién sea la culpa, porque soy responsable de mi bienestar.

La responsabilidad ambiental implica ser consciente de que nuestras acciones y decisiones tienen un impacto y de que tenemos la posibilidad de tomar medidas para reducirlo. Es un enfoque proactivo y positivo, que se traduce en acciones concretas para ser parte de la solución.

Al preguntarnos «¿y yo qué puedo hacer?», empezamos a ver posibilidades, nos centramos en aquello sobre lo que podemos influir e identificamos vías de acción.

Nuestra huella

Es probable que hayas oído con frecuencia las expresiones «huella ecológica» y «huella de carbono». Aunque ambas nos ayudan a visualizar nuestro impacto en el medio ambiente, no son conceptos totalmente equivalentes.

El concepto de **huella ecológica** fue presentado por los investigadores Mathis Wackernagel y William Rees en la década de 1990. Se trata de un indicador ambiental que mide la presión humana sobre los recursos naturales de la Tierra. En esencia, representa la cantidad de recursos naturales necesarios para satisfacer las demandas de una persona, grupo u entidad, así como para absorber los desechos producidos. A menudo, se ilustra mediante la cantidad de planetas Tierra necesarios para mantener ese nivel de consumo.

La **huella de carbono**, como una medida dentro de la huella ecológica, se refiere específicamente a la cantidad total de gases de efecto invernadero emitidos, directa o indirectamente, por una persona, empresa, ciudad, evento o producto.

Este término se ha integrado en nuestro lenguaje cotidiano, en parte gracias a una estrategia de marketing de la petrolera BP en 2004, cuando introdujo una «calculadora de la huella de carbono» en su página web para que la gente evaluara el impacto de su vida cotidiana sobre el clima. La herramienta tuvo un gran éxito y hoy se puede encontrar en webs tan diversas como las de organizaciones ecologistas, gobiernos o centros educativos.

La idea de la huella de carbono personal puede crear conciencia y fomentar comportamientos adecuados, pero hay que tener mucho cuidado en atribuir toda la responsabilidad a los consumidores. Es capcioso sugerir que la reducción de emisiones depende principalmente de las acciones individuales, dado que grandes compañías siguen invirtiendo en combustibles fósiles. La campaña publicitaria distorsionó la percepción del público al sugerir que el cambio climático se debe principalmente a las acciones individuales, cuando en realidad ninguna elección personal puede equipararse al impacto de la industria petrolera.

Todos los esfuerzos personales por minimizar las propias emisiones son importantes, pero no podemos perder de vista los factores que influyen en el cambio climático a mayor escala. En cierto modo, calcular nuestra huella de carbono puede resultar desalentador, ya que, en un mundo aún tan dependiente de petróleo y gas, la vida cotidiana genera grandes cantidades de gases de efecto invernadero y la reducción debida a los cambios que uno hace no suma mucho en el gran esquema de las cosas.

Esto no sugiere que no debamos tomar compromisos individuales, sino que nos recuerda que necesitamos presionar a gobiernos y empresas para que implementen soluciones de largo alcance y cambios a gran escala. Las decisiones individuales enfocadas a mejorar nuestro impacto en el planeta son necesarias, pero no suficientes. La acción colectiva es vital.

Todos y cada uno

El cambio climático es un reto global que afecta a múltiples partes interesadas. No es culpa exclusiva de una persona, empresa o país, pero es indispensable **asumir la responsabilidad de cada cual** para hallar soluciones.

Resulta absurdo discutir sobre si hacer frente a la crisis climática requiere que cada uno haga cambios concretos en su vida o si se trata de que los hagan los gobiernos, instituciones y corporaciones. Estamos frente a un desafío que requiere la acción de todos, desde el nivel individual hasta las esferas políticas y económicas, si bien con responsabilidades distintas. En este sentido, es crucial destacar la **responsabilidad superior de los gobiernos y las grandes corporaciones**, dada su influencia y su capacidad de hacer cambios significativos.

Cada día, cada uno de nosotros tiene múltiples oportunidades para contribuir a reducir las emisiones, dependiendo solo de elecciones cuidadosas en la manera de vivir su vida. Además, podemos unirnos a otras personas y organizarnos para promover activamente transformaciones en nuestro entorno. Por último, pero no menos importante, tenemos capacidad para exigir: podemos votar y apoyar políticas correctas, presionar a quienes deben organizar los cambios desde las instituciones, y rebelarnos si no lo hacen.

Instalación del artista chino Ai Weiwei *con chalecos salvavidas sobre la crisis de refugiados, en el Gedarnenmarkt de Berlín (2016)*

Capítulo 10

QUÉ HACER

Nuestra fuerza

Aceptadas y comprendidas las emociones, estamos en disposición de canalizarlas en acciones significativas. Entonces, ¿qué debemos hacer?

Esta es una pregunta fácil o difícil de responder, según se mire. Fácil, porque conociendo las causas del cambio climático, sabemos que debemos reducir drásticamente y ahora mismo las emisiones (en especial, eliminar la producción y la quema de combustibles fósiles), además de conservar los recursos naturales y la biodiversidad. Difícil, porque también sabemos que ninguna acción que hagamos individualmente puede conseguirlo y que necesitamos un cambio sistémico además del cambio individual.

Cada uno de nosotros por su cuenta tiene una capacidad de transformación limitada. Pero la buena noticia es que no estamos solos. Si en cualquier proyecto importante los humanos podemos conectar con los demás y sentir que formamos parte de algo mucho más grande, en una misión tan trascendental como es hacer frente a la crisis climática, resulta inteligente orientar una parte sustantiva de nuestro empeño personal a **sumar en la acción colectiva**.

Nuestro poder no se limita a lo que podamos hacer como individuos, sino que se amplifica con nuestra capacidad de ser parte de un movimiento. Juntando fuerzas con los demás podemos lograr resultados inalcanzables cuando actuamos de manera aislada.

Si es cierto que no podemos resolver la crisis climática en solitario, también lo es que no puede resolverse sin cada uno de nosotros. Somos pequeñas piezas imprescindibles del motor colectivo que empuja el cambio. **Ninguna contribución es despreciable** porque, como recalca Pep Canadell, director del Global Carbon Project y experto del IPCC, «cada décima de grado de aumento de temperatura evitado significa mucho»: cada miligramo de CO_2 no emitido puede ser un sufrimiento ahorrado.

Elegir el camino

¿En qué vamos a implicarnos? Llega el momento de acertar en nuestras elecciones, de encontrar aquello en que nos sentimos más auténticos y más a gusto, lo que mejor sintoniza con nuestros intereses y aficiones y lo que requiere habilidades coincidentes con nuestras mejores destrezas.

La escritora Mary Annaïse Heglar lo expresa de esta manera: «Haz aquello que dominas y hazlo lo mejor posible. Si eres bueno haciendo ruido, haz todo el ruido que puedas. Ve a huelgas climáticas, llama a tus representantes, organiza a tus vecinos. Vota. En cada oportunidad que tengas. Si va contigo, postúlate para un cargo o hazte voluntario para una campaña. (...) Si estás educando a niños, enséñales a amar la Tierra y a amarnos los unos a los otros, enséñales la resiliencia que se manifiesta como empatía. Si eres bueno cuidando, cuida de las legiones de luchadores climáticos cansados. Si eres bueno cocinando, cocina. Encuentra a la gente que ayuda y ayúdala. Pero, sobre todo, compártelo, construye comunidad».

Al explorar vías para involucrarnos y decidir dónde queremos enfocar la energía, puede ser útil considerar tres grandes ámbitos de acción, que son complementarios:

> **Emprender cambios personales en la vida cotidiana**. Se trata de adoptar hábitos adecuados en el modo de comer, vestir, moverse o climatizar la casa, así como decisiones en el estilo de vida y las opciones de consumo, para reducir directamente nuestras emisiones.

> **Participar, junto a otros, en transformaciones positivas en el entorno y la comunidad.** Se trata de unirse a otras personas, en el trabajo, en el centro de estudios, en el barrio, en asociaciones locales de defensa del medio ambiente o en grupos de acción climática para **organizarnos y tomar decisiones colectivas**, que contribuyan a reducir emisiones y a mejorar la calidad de vida de las personas.

> **Exigir y presionar** —y también apoyar— a los actores políticos que organizan cambios institucionales y a las grandes

corporaciones que desempeñan un papel relevante debido a su volumen de emisiones, su capacidad de influir en la política y su poder para impulsar transformaciones a gran escala.

A continuación, comentamos estos **tres ámbitos** viendo ideas y ejemplos de actuación en cada uno de ellos. Con tu permiso, vamos a empezar por el último: es un pequeño gesto simbólico para contrarrestar la tendencia a enfatizar exageradamente el comportamiento individual, y para subrayar la certeza de que los cambios que necesitamos no se harán solo con cada persona «portándose bien» en su casa. Como repite sin cansarse el ambientólogo y comunicador Andreu Escrivà, «toda la acción individual suma, pero solo la colectiva transforma».

Dibujo de acuarela de la artista canadiense Catherine Zibo *representando a la activista Greta Thunberg en forma de una muñeca rusa matrioshka sosteniendo la Tierra.*

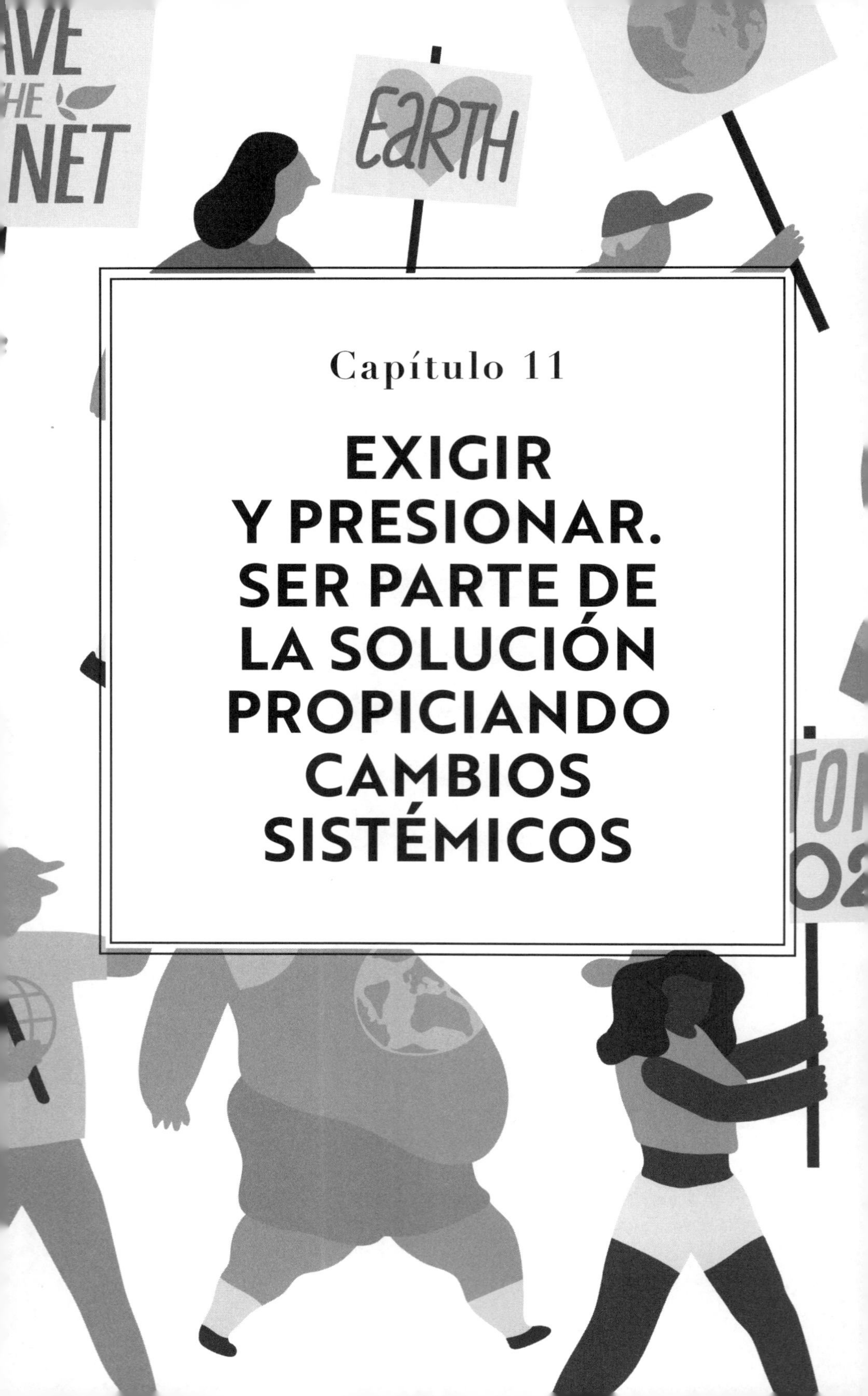

Capítulo 11

EXIGIR Y PRESIONAR. SER PARTE DE LA SOLUCIÓN PROPICIANDO CAMBIOS SISTÉMICOS

Los grandes tienen un gran poder. En la lucha contra el cambio climático, los gobiernos y las empresas multinacionales son los elefantes que pueden mover pesos pesados, mientras que nosotros somos pequeñas hormigas esforzadas. Ellos tienen la capacidad de tomar medidas significativas, y su poder de actuación es imprescindible para abordar el desafío global. Por eso tenemos que empujarlos a actuar. Es decisivo presionar a los gobiernos y a las grandes corporaciones para que asuman su responsabilidad frente al cambio climático.

Los gigantes empresariales tienen un impacto muy significativo sobre el cambio climático debido a sus actividades comerciales y su influencia en la economía global. Muchos de ellos son grandes emisores de gases de efecto invernadero y, además, a través de la publicidad y el marketing, fomentan el consumismo y la sobreproducción, lo que aumenta continuamente la demanda de recursos naturales y la generación de emisiones y de residuos.

Aunque hay muchas empresas que están tomando medidas para reducir sus emisiones, es necesario que la presión pública y la regulación gubernamental impulsen a todas ellas a adoptar prácticas responsables y les exijan transparencia en sus operaciones y rendición de cuentas en relación con su comportamiento ambiental.

Instar a gobiernos y empresas

Como ya comentamos, más allá de los compromisos individuales, son urgentes acciones públicas y sistémicas potentes. La escritora e historiadora ambiental Jenny Price nos ofrece una analogía muy gráfica: «Si estamos en emergencia y lo que hay que hacer es reducir emisiones urgentemente y reusar absolutamente todos los materiales, fiarse de que cada uno haga lo que pueda voluntariamente y que todo el mundo lo haga es como enviar una paloma mensajera a los bomberos en vez de llamar al 112».

Para abordar el cambio climático se necesitan regulaciones y políticas gubernamentales efectivas, capaces de influir en las prácticas y en la toma de decisiones empresariales. Los gobiernos desempeñan un papel clave, ya que tienen la autoridad para promulgar leyes y establecer políticas que afectan a todos los sectores de actividad económica, desde la energía y la industria hasta la agricultura y el transporte, y las empresas están obligadas a cumplir estas regulaciones. También pueden aplicar sanciones para hacerlas cumplir.

Por ello, podemos exigir a los gobiernos que establezcan **normas y políticas** que conlleven la reducción de emisiones de gases de efecto invernadero, como, por ejemplo, estándares de eficiencia energética, límites a las emisiones o impuestos al CO_2. Asimismo, deben fomentar la economía circular, que valore y preserve los recursos naturales, y tomar medidas para disminuir el consumismo y la cultura del desperdicio. Es esencial regular la publicidad, evitando prácticas de blanqueo ecológico (*greenwashing*) que inducen a percepciones falsas sobre la corrección ambiental de las mercancías, y restringir la obsolescencia programada, que es la práctica de diseñar productos para que envejezcan y caduquen rápidamente, lo que fomenta la compra constante de nuevos artículos.

Los gobiernos también tienen la capacidad de **invertir** en infraestructuras y proyectos de mitigación y adaptación al cambio climático. Está en su mano destinar recursos públicos a afrontar el cambio climático y podemos exigirles que lo hagan. Por ejemplo, expandiendo el sistema de transporte público, generando energía a partir de fuentes renovables y desarrollando tecnologías para su almacenamiento, constituyendo comunidades energéticas para generar, consumir y compartir energía, conservando zonas naturales, creando refugios climáticos, promoviendo programas de investigación, etc.

Además de establecer normas, los gobiernos pueden **estimular** la acción de empresas y particulares, a través de incentivos fiscales, subsidios y programas de apoyo. Podemos exigirles, por un lado, que desincentiven los combustibles fósiles, y por otro, en positivo, que promuevan la eficiencia energética en edificios, industrias y vehículos, la generación y uso de energía renovable, la movilidad a pie, en bicicleta y en tren, la agricultura regenerativa, las buenas prácticas de gestión forestal, la reducción de residuos, etc.

Asimismo, los gobiernos pueden desempeñar un papel relevante en la información y la **educación** sobre el cambio climático y sus impactos. Podemos exigirles que asuman esta responsabilidad luchando contra la desinformación y ofreciendo buenos programas educativos para todos los niveles, que promuevan la reflexión y faciliten el paso a la acción.

Las ciudades, al albergar a la mayoría de la población mundial, desempeñan un papel crucial en la mitigación y adaptación al cambio climático. Los ayuntamientos tienen la capacidad de tomar decisiones que influyen directamente en las emisiones de gases de efecto invernadero y en la resiliencia de la población ante los impactos climáticos.

Los gobiernos locales han liderado la lucha contra el cambio climático asociándose en redes internacionales como ICLEI y C40 para colaborar, compartir buenas prácticas y estrategias efectivas. La proactividad de las ciudades se evidencia especialmente en áreas como la eficiencia energética, la promoción del transporte público, el diseño urbano que favorece una estructura compacta con distancias cortas, la incorporación de espacios verdes y elementos naturales, la adaptación de infraestructuras y la adopción de medidas para proteger a la población.

Además, a través de la diplomacia y las negociaciones internacionales, los gobiernos pueden impulsar compromisos globales para limitar el calentamiento global y sus impactos. En este sentido, podemos exigir a los gobiernos mayor ambición a la hora de fijar objetivos de reducción de emisiones y, sobre todo, una cooperación internacional más eficaz para apoyar la mitigación y la adaptación en los países más vulnerables.

Hay que tener presente que los gobiernos se mueven a menudo en respuesta a las presiones que reciben. Si las empresas ejercen influencia en las políticas públicas para debilitar las regulaciones ambientales, la exigencia ciudadana para que las compañías reduzcan su impacto ambiental debe ser muy potente. Los gobiernos apremiarán a las empresas a actuar en la medida en que se sientan exigidos y apoyados por la ciudadanía.

Las empresas son responsables de reducir sus propias emisiones y también pueden influir en la cadena de suministro, presionando a sus proveedores para que adopten prácticas responsables y reduzcan sus propias emisiones. Como ciudadanos, tenemos la oportunidad de influir directamente en el comportamiento de las compañías si logramos que su reputación se vea afectada por su respuesta o falta de respuesta a la crisis climática.

Por otra parte, las multinacionales dominan la economía global y cuentan con los recursos financieros y técnicos necesarios para desarrollar soluciones innovadoras. Los gobiernos han de aprovechar estas capacidades empresariales en sus esfuerzos para abordar el cambio climático, fomentando acuerdos para promover la investigación y el desarrollo de soluciones, para impulsar la economía circular y para abordar cuestiones a escala global.

En resumen, tanto los gobiernos como las empresas tienen una gran responsabilidad en la lucha contra el cambio climático. Los gobiernos deben velar por el interés común, por encima de los intereses particulares a corto plazo, mientras que las grandes corporaciones pueden influir en la economía y liderar la adopción de buenas prácticas para la reducción inmediata de las emisiones y la evolución de la economía hacia un modelo que genere más beneficios sociales y ambientales.

Y todos nosotros tenemos capacidad de exigencia: podemos presionar desde abajo y también apoyar a quienes llevan a cabo las políticas necesarias.

¿Y nosotros?

Controlemos lo que sí podemos controlar. No podemos atender lo que no depende de nosotros, pero no debemos dejar escapar lo que sí está en nuestras manos.

He aquí algunas estrategias y acciones que podemos llevar a cabo en este ámbito:

Usar nuestro voto

> Votar en las elecciones por candidatos y partidos que se comprometan con políticas climáticas sólidas. Es primordial elegir bien dónde va nuestro voto.

> En el último informe «La sociedad española ante el cambio climático», publicado en 2021, llama la atención que la cuestión climática tiene muy poca influencia en el voto (en una escala del 1 al 10 se sitúa en 3,1). Los que atribuyen mayor peso a la acción climática en su comportamiento electoral son los jóvenes (4,18).

Manifestarnos

> Participar en manifestaciones y acciones de protesta para reclamar medidas más enérgicas contra el cambio climático.

> Ponernos en contacto con nuestros representantes gubernamentales para exigir y expresar nuestro apoyo a la acción climática.

Sumar

> Unirnos a grupos y organizaciones que trabajen para influir en las políticas climáticas, ya sean grupos locales o movimientos internacionales de acción y alcance global.

> Involucrarnos en iniciativas locales para exigir acción climática a nuestro ayuntamiento, al gobierno y a las empresas de nuestro país.

> Participar en campañas globales para presionar a los gobiernos y grandes corporaciones.

Influir en nuestro entorno

> Hablar del cambio climático, si puede ser sin aleccionar. Preguntar, entablar conversaciones, escuchar. Hacer que esté presente. Si no se habla de un tema, parece que no sea importante, y eso actúa como una barrera para dedicarle más atención y tomar medidas más potentes.

> Compartir información sobre el cambio climático y especialmente sobre soluciones y acciones individuales y colectivas. Todos podemos ser *microinfluencers*.

Emplear nuestro dinero

> Si tenemos ahorros, movilizar nuestros activos hacia empresas y proyectos con buenas prácticas socioambientales.

> Apoyar la inversión en energías renovables y tecnologías limpias.

> Boicotear empresas que tienen un mal comportamiento ambiental.

Instalación del artista Justin Brice Guariglia *con carteles LED contra la inacción política sobre el cambio climático, en Somerset House, Londres (abril 2019).*

Movilización global por el clima

Científicos y profesionales, trabajadores y estudiantes, grupos de mujeres y de jóvenes, poblaciones indígenas y colectivos diversos se están movilizando en todo el mundo para destacar la urgencia de abordar la crisis climática y presionar a los gobiernos y grandes empresas para que aceleren la acción.

Se han organizado huelgas climáticas, marchas y manifestaciones para exigir políticas más ambiciosas, así como protestas pacíficas y bloqueos para detener proyectos destructivos, como la construcción de oleoductos o la deforestación. Asimismo, diversos movimientos de desinversión han instado a ciudadanos, instituciones y organizaciones a retirar sus inversiones en combustibles fósiles.

Más allá de las movilizaciones, ha habido también acciones frente a los tribunales para intentar obligar legalmente a los gobiernos a asumir su responsabilidad.

Recientemente 6 jóvenes, procedentes de una zona devastada por los incendios forestales en Portugal, han demandado a 32 países ante el Tribunal Europeo de Derechos Humanos por inacción climática, alegando que los países están incumpliendo sus obligaciones en materia de derechos humanos al no protegerlos del cambio climático. Los jóvenes piden que los países estén obligados legalmente a actuar y reducir sus emisiones de CO_2 y otros gases de efecto invernadero.

Algunas de las **organizaciones y movimientos internacionales** que llaman la atención sobre la urgencia de abordar el cambio climático y la pérdida de calidad ambiental, y que presionan para que los gobiernos y grandes empresas actúen, son:

> **350.org.** Es una organización fundada en 2008 en Estados Unidos por un grupo de activistas ambientales, que aboga por medidas más ambiciosas para abordar el cambio climático. Toma su nombre del objetivo de mantener la concentración de CO_2 en la atmósfera por debajo de 350 partes por millón para evitar situaciones peligrosas. La organización lleva a cabo campañas, protestas y actividades para involucrar a la sociedad civil en la lucha contra el cambio climático. Ha liderado campañas de desinversión, presionando a instituciones financieras, universidades y gobiernos para que retiren sus inversiones en la industria de los combustibles fósiles. También ha coordinado acciones a escala global, como el «Día de Acción Global del Clima», involucrando a comunidades de todo el mundo en eventos y protestas simultáneas.

> **Extinction Rebellion (XR).** Es un movimiento global de desobediencia civil, que se originó en el Reino Unido en 2018. Aboga por la movilización masiva y la desobediencia civil no violenta para exigir que los gobiernos tomen medidas inmediatas y significativas. Se adhiere a principios como la transparencia, la participación democrática y la justicia

climática. También aboga por la creación de asambleas ciudadanas para tomar decisiones sobre políticas climáticas. XR ha llevado a cabo diversas acciones a nivel mundial, desde bloqueos de calles y puentes hasta ocupaciones de edificios, con el objetivo de interrumpir la actividad cotidiana y generar conciencia sobre la emergencia climática. Opera a través de grupos locales y regionales que comparten los mismos principios fundamentales y adoptan tácticas similares.

> **Fridays for Future (FxF)**. Es un movimiento global liderado por jóvenes activistas que abogan por acciones urgentes para combatir el cambio climático. Fue iniciado por la activista sueca **Greta Thunberg** en agosto de 2018, cuando comenzó a faltar a la escuela los viernes para protestar frente al parlamento sueco, exigiendo acción contra el cambio climático. El movimiento se ha expandido rápidamente y ha inspirado huelgas estudiantiles, manifestaciones y protestas en ciudades de todo el mundo. FxF destaca la importancia de involucrar a la generación más joven en la toma de decisiones relacionadas con el cambio climático, ya que heredarán las consecuencias de las acciones actuales. Los movimientos juveniles han creado un notorio sentimiento de experiencia compartida y solidaridad generacional y su movilización masiva ha tenido un impacto significativo sobre la percepción social.

Las movilizaciones de estas y otras muchas organizaciones están desempeñando un papel principal al elevar la conciencia pública sobre el cambio climático y presionar a los líderes mundiales para que lo consideren una prioridad en la agenda global.

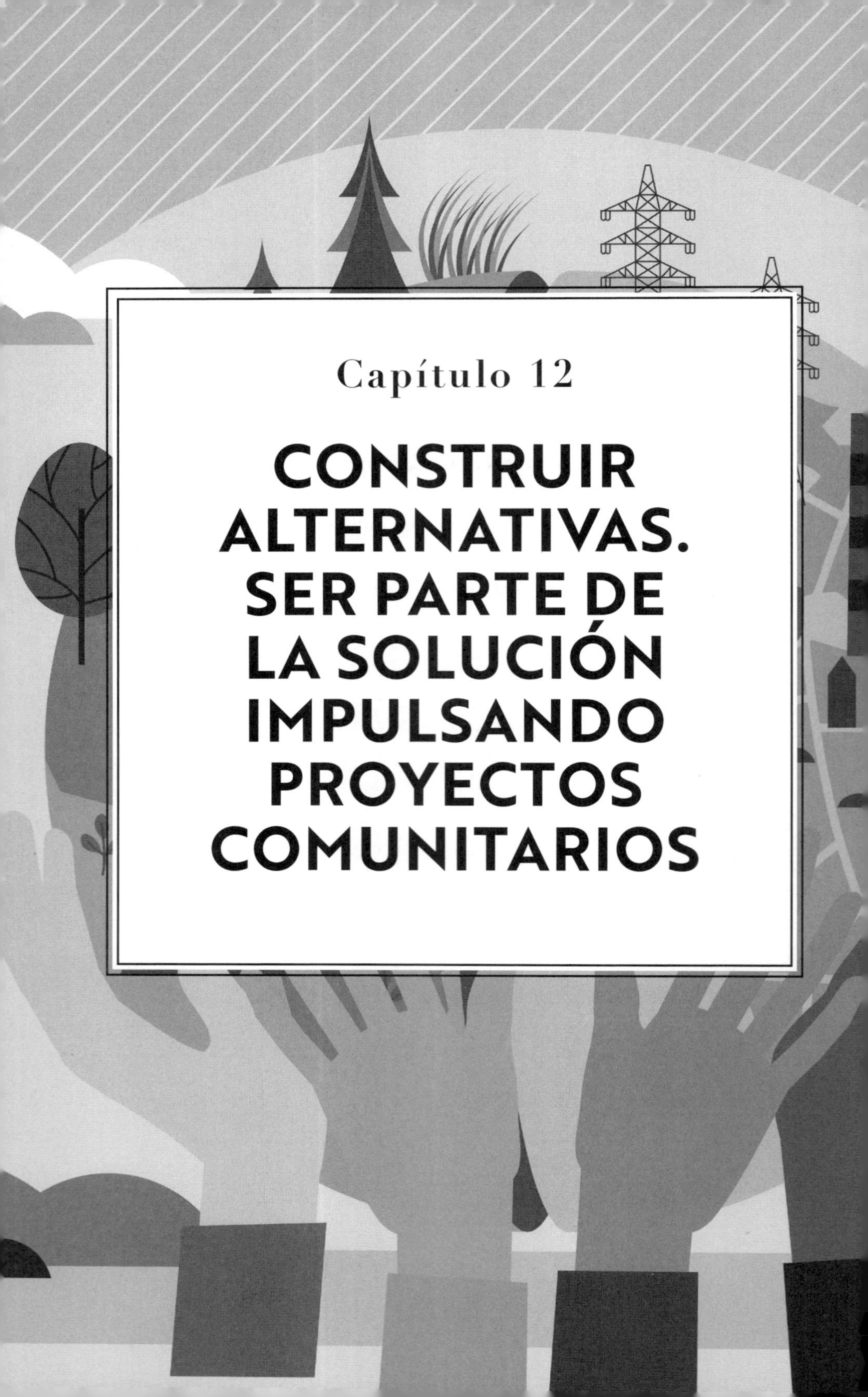

Capítulo 12

CONSTRUIR ALTERNATIVAS. SER PARTE DE LA SOLUCIÓN IMPULSANDO PROYECTOS COMUNITARIOS

Para abordar los desafíos ambientales y sociales de la crisis ambiental debemos exigir a los que tienen mayor poder de intervención, pero no se trata únicamente de esperar que ellos resuelvan la situación: también nosotros tenemos capacidad efectiva de modificar la realidad a través de la acción comunitaria.

Aliándonos con otras personas con las que compartimos propósitos, podemos tomar la iniciativa y autoorganizarnos para impulsar proactivamente proyectos colectivos que generen un impacto positivo en nuestro entorno y comunidad.

Se trata de emprender transformaciones a nuestro alcance, en un proceso en que todos los participantes se involucren en la identificación de problemas, la planificación de soluciones y la implementación de acciones concretas. Supone pensar juntos, hacernos preguntas y buscar respuestas juntos, para consolidar un marco de pensamiento compartido, generando ideas, discutiéndolas, mejorándolas y difundiéndolas para disponer de una base común que enmarque el trabajo. Y simultáneamente, aplicar estas ideas a cambiar las cosas.

Transformación colectiva

Cada día hay más personas que se organizan para trabajar juntos por un cambio más amplio y transformador y existen numerosos ejemplos de **proyectos colectivos** impulsados por la sociedad civil en todo el mundo. Veamos algunos:

> **Comunidades energéticas**. Grupos de personas o empresas que se unen para generar y utilizar su propia energía renovable: así disponen de energía sin emisiones y producida de manera descentralizada. Puede ser una pequeña agrupación, como, por ejemplo, una comunidad de vecinos que instala paneles fotovoltaicos en la azotea de la casa y se reparte la energía generada, o bien un proyecto mucho más grande, como en el caso de la **Cooperativa Eléctrica de Crevillent,** un pueblo alicantino de 30 000 habitantes, que en 2019 inició una instalación de autoconsumo colectivo diseñada para llegar a generar la mitad de la energía que necesita toda la población.

> **Proyectos de restauración ecológica**. Comunidades y organizaciones que trabajan restaurando ecosistemas dañados, para aumentar la captura de carbono y preservar la biodiversidad. Existen infinidad de pequeñas iniciativas locales, por ejemplo, para plantar árboles o limpiar una playa, y también organizaciones que desarrollan proyectos con más abasto y continuidad. Un ejemplo bonito es el **Proyecto Ríos**, una red de asociaciones de la Península Ibérica, que fomenta la participación de la sociedad en la conservación y mejora de los ríos. Los participantes, de edad adulta o escolar, aprenden, deciden y actúan en los ríos de su territorio concreto, pero con conciencia global.

Four sea urchin. *Grabado calcográfico (cromoplaxgrafía), de la artista* Karme Gdapena, *que incorpora el mensaje caligráfico del proyecto MPA-ENGAGE (Marine Protected Areas), el cual tiene por objetivo mitigar las consecuencias del cambio climático. Forma parte de la exposición* Act Mediterranean Art *(2020). Imagen cortesía de la artista.*

- **Redes de movilidad compartida**. Iniciativas para compartir bicicletas y automóviles, crear caminos escolares o rutas peatonales. Estas acciones fomentan la reducción del número de vehículos en circulación y de las emisiones de gases de efecto invernadero, al tiempo que disminuyen la contaminación atmosférica y pacifican las ciudades. Un ejemplo original es el **bicibús**. Un bicibús es un grupo de niños que se mueven en bicicleta hacia la escuela acompañados de personas adultas. Al igual que un autobús, tiene un recorrido definido y unos horarios de paso; además, dispone de una aplicación que permite gestionar las líneas y las inscripciones y visualizar el impacto. El proyecto, que nació en Vic impulsado por dos maestras, se ha ido extendiendo por Cataluña y ha inspirado iniciativas en otros territorios.
- **Cooperativas de consumo ecológico**. Colectivos de personas que se unen para adquirir alimentos cultivados con métodos agrícolas responsables, que requieren menos fertilizantes, pesticidas y combustibles fósiles y, por tanto, generan menos emisiones. A menudo trabajan con productores locales, minimizando también las emisiones del transporte. Al mismo tiempo, contribuyen a fomentar buenas prácticas agrícolas y ofrecen alimentos más saludables a sus miembros. El éxito de las numerosas pequeñas cooperativas de consumo crítico ha inspirado la creación de supermercados cooperativos de dimensiones mucho mayores. Un ejemplo consolidado es **Food Coop**, en Brooklyn, propiedad de más de 16 000 personas socias. Más cerca, el País Vasco ha sido pionero en la creación de supermercados cooperativos (Landare, Bio Alai, Labore).
- **Mercados de intercambio**. Las plataformas y mercados de intercambio de segunda mano y restos de fabricación son iniciativas que facilitan la reutilización de productos, contribuyendo a reducir la demanda de nuevos productos, la generación de residuos y la emisión de gases de efecto invernadero. En todos los pueblos y ciudades existen mercadillos de objetos de segunda mano, y en los centros educativos es habitual organizar sistemas para la reutilización de libros de texto. También son numerosos los sitios web donde

podemos intercambiar, prestar, comprar o vender aquello que ya no necesitamos. Una iniciativa simpática es el **pasalibros** o *bookcrossing*, que consiste en dejar libros en lugares públicos para que otros los recojan, los lean y los vuelvan a dejar. El libro se puede registrar en la web oficial del movimiento para obtener una identificación, de manera que cuando alguien localice el libro puede notificar el hallazgo y, una vez leído, anotar en la web la nueva ubicación donde lo deje.

> **Huertos comunitarios.** Proyectos agrícolas donde un colectivo de personas gestiona un terreno, público o privado, donde cultivar frutas, verduras y otros alimentos para su consumo. Estos espacios reducen la demanda de productos agrícolas industriales y la necesidad de transporte a largas distancias, contribuyendo a la reducción de las emisiones de gases de efecto invernadero. Además, los huertos comunitarios pueden funcionar como centros educativos y sociales, donde se comparten conocimientos sobre agricultura, compostaje y nutrición. Un caso particular son los huertos urbanos y periurbanos, que acercan la producción de alimentos a la población de las ciudades. La **Red de Huertos Comunitarios de Barcelona** conecta los que existen en la ciudad para el intercambio de experiencias, aprendizajes, semillas y ayuda a la hora de abrir nuevos huertos.

> **Plataformas de aprovechamiento alimentario**. Redes que buscan reducir el desperdicio de alimentos al conectar a productores, minoristas, restaurantes y consumidores con excedentes alimentarios o productos que de otra manera podrían desecharse. Al aprovechar los alimentos ya producidos y evitar que se conviertan en residuos, contribuyen al uso racional de los recursos y a la reducción de emisiones de gases de efecto invernadero. **To Good to go** es una plataforma creada en 2016 por un grupo de emprendedores daneses, para combatir el desperdicio de alimentos, que actualmente se ha expandido a nivel internacional. Tiene una de las aplicaciones más famosas y mejor valoradas para evitar tirar la comida, salvando productos de cientos de establecimientos a nuestro alrededor, como restaurantes, pastelerías o supermercados.

- > **Escuelas sostenibles**. Con distintos nombres y agrupados en diferentes redes, existen numerosos centros educativos comprometidos con la educación ambiental y la acción climática. Son escuelas e institutos que tienen la voluntad de hacer cambios —más allá de acciones puntuales o semanas temáticas— con el horizonte de adoptar un enfoque integral para hacer frente a los retos de la sostenibilidad y la emergencia climática. Las transformaciones abarcan desde la gestión de los recursos y el diseño de los espacios hasta el contenido curricular y la gobernanza del centro, con un empeño especial en el protagonismo del alumnado. En España, **ESenRED** (Escuelas hacia la Sostenibilidad en Red) es una estructura de red de redes que agrupa organizaciones de centros educativos sostenibles de distintas ciudades y comunidades autónomas, sumando esfuerzos, recursos y acciones conjuntas.
- > **Parques vecinales.** Muchas organizaciones y grupos de vecinos se unen para crear jardines o parques que mejoren sus barrios o pueblos y augmenten la vegetación que captura CO_2. El movimiento **Guerrilla Gardening** es un caso interesante, en el que colectivos organizados plantan jardines en espacios públicos deteriorados o abandonados, sin el permiso formal, para transformar áreas urbanas grises en espacios verdes.
- > **Asociaciones empresariales**. Se trata de empresas de distintos sectores y dimensiones, que tienen en común la voluntad de reducir sus emisiones de efecto invernadero y su impacto negativo sobre el medio ambiente, y se unen para compartir soporte técnico, recursos, formación y estímulo. Un buen ejemplo es el **Club EMAS**, formado por empresas que se ayudan del Sistema comunitario de gestión y auditoría medioambiental (EMAS) para buscar la excelencia empresarial en materia de medio ambiente, y que comparten buenas prácticas, incentivos y maneras de superar barreras.
- > **Agrupaciones de comercios**. Son asociaciones de establecimientos que buscan mejorar su comportamiento ambiental y social, particularmente en los campos de la eficiencia energética, la reducción de residuos y la promoción

de los productos ecológicos y de comercio justo. Las **Cámaras de Comercio** de numerosas ciudades españolas impulsan, facilitan y reconocen buenas prácticas en los establecimientos comerciales.

> **Movimientos de divulgación científica**. Los científicos y divulgadores científicos están desempeñando un papel primordial en la comunicación de la ciencia del cambio climático de manera accesible y comprensible para todos, mostrando conciencia y promoviendo la toma de decisiones informadas. **Scientists for Climate** es un buen ejemplo de movimiento internacional que reúne a científicos de diversas disciplinas.

> **Proyectos de ciencia ciudadana**. Grupos de investigación en los que personas no especializadas participan activamente en la recopilación y análisis de datos, junto a científicos profesionales, para generar conocimiento sobre la respuesta de los ecosistemas al cambio climático. Un ejemplo es el proyecto **eBird**, una plataforma en línea que permite a personas aficionadas a las aves registrar y compartir sus observaciones. La información recopilada ayuda a los científicos a comprender patrones de migración, cambios en la distribución de especies y otros aspectos que permiten evaluar el impacto del cambio climático en las poblaciones de aves y en los ecosistemas en general.

> **Comunidades resilientes**. Comunidades que se preparan proactivamente para adaptarse al cambio climático y fortalecerse frente a eventos extremos, sequías y cambios en los ecosistemas locales. Incluye la capacitación de las personas para cooperar, prevenir impactos, planificar emergencias y compartir recursos. El movimiento global **Transition Towns**, fundado por el educador ambiental Rob Hopkins en Totnes (Reino Unido), a principios de la década de 2000, se centra, precisamente, en construir comunidades locales resilientes en respuesta a los desafíos de la crisis socioambiental.

> **Iniciativas de concienciación**. Grupos muy diversos focalizan sus esfuerzos en compartir, informar, movilizar y motivar a

las personas a responder a la crisis climática. Estas iniciativas pueden tomar diversas formas y ser llevadas a cabo por grupos que actúan a nivel local o por organizaciones que utilizan redes sociales y medios de comunicación globales para difundir sus mensajes a nivel internacional. Un ejemplo significativo es **1 Million Women**, una organización que se centra en empoderar a mujeres y niñas para tomar medidas contra el cambio climático. Fundada en 2009 en Australia por Natalie Isaacs, la entidad se ha convertido en una comunidad global comprometida con la reducción de las emisiones de gases de efecto invernadero y la promoción de prácticas responsables en la vida cotidiana, que destaca el papel decisivo de las mujeres como agentes de cambio.

> **Círculos de debate.** Grupos que se reúnen regularmente para leer y discutir artículos y documentos relacionados con el cambio climático. Un caso particular son las **Asambleas Ciudadanas para el Clima** que se organizan en distintas ciudades, regiones y países para compartir conocimiento sobre la emergencia climática y deliberar sobre las medidas necesarias para hacerle frente.

Atmósfera de cambio

Estas iniciativas son solo una pequeña muestra de los numerosos proyectos transformadores que distintas comunidades, organizaciones y movimientos están llevando a cabo en todo el mundo. Conocer estas realidades y saber que se deben a la alianza y al esfuerzo de personas comprometidas es un **motivo de ilusión y de inspiración**. Domingo Jiménez Beltrán, ingeniero y destacado defensor del medio ambiente, recientemente fallecido, dejó escrito que «la acción ante el cambio climático no está hecha solo de sacrificios, sino de invitaciones a la mejora».

Instalación de Greenpeace creada por el fotógrafo canadiense Benjamin Von Wong *hecha con placas de circuito impreso, en ocasión de la manifestación por el fin de los combustibles fósiles, en Nueva York el 17 de septiembre de 2023.*

El trabajo comunitario y el poder de la creatividad y de la colaboración en la búsqueda de soluciones son fundamentales para el desarrollo de una sociedad mejor y capaz de hacer frente al cambio climático. El cambio se impulsa sobre todo a través de **modelos positivos** que hacen que otras maneras de vivir y de organizarse se vuelvan creíbles y deseables.

Este tipo de iniciativas **materializan el espíritu crítico** y se afanan en la construcción colectiva de alternativas viables, que también facilitan los cambios individuales. Las cooperativas de consumo crítico y solidario, por ejemplo, nos dan acceso a un consumo más consciente y responsable.

Una virtud añadida de muchas de estas comunidades de innovación es que configuran espacios de identidad, afinidad y complicidad, donde el cambio es bien visto y alentado. En ellos, las personas participantes no nos sentimos extrañas debido a nuestras opciones y hábitos, sino que, bien al contrario, nos sentimos gratificadas cuando actuamos para contribuir a los objetivos compartidos.

Los entornos en los que **colectivamente se intenta poner en práctica lo que se predica** son también ambientes estimulantes, capaces de contagiar a más personas el anhelo de cambio. Una escuela comprometida con la acción ambiental, por ejemplo, respalda una comunidad de cambio que se extiende hasta las familias y el entorno. Trabaja con su discurso y su práctica transformando el entorno físico y la cultura interna de la misma escuela y creando realidades alternativas en las que las familias y el vecindario se pueden sumar.

Es crucial podernos situar en espacios colectivos favorables a los cambios, donde sentimos que compartimos con otros el deseo de transformación y en los que, juntos y bien acompañados, podemos experimentar nuevos estilos de vida. En estos entornos, los cambios individuales y colectivos confluyen.

¿Y nosotros?

Como hemos visto, se nos abre un gran abanico de posibilidades para participar en la construcción de soluciones y alternativas. Aquí se sugieren algunas estrategias para empezar:

Explorar

> Informarnos sobre los colectivos de acción climática que existen en nuestro entorno.
> Investigar los problemas específicos relacionados con el clima en nuestra comunidad.
> Conocer qué proyectos comunitarios están en marcha en el barrio, el centro de trabajo o de estudios, el club deportivo, etc. y valorar la posibilidad de participar.

Conectar

> Ponernos en contacto con los grupos locales de acción climática.
> Asistir a reuniones, talleres o charlas sobre cambio climático para conocer a otras personas interesadas en el tema.
> Participar en acciones puntuales que nos ayuden a decidir qué es lo que más nos motiva y dónde nos sentimos más útiles y a gusto.

Contribuir

> Apoyar y promover iniciativas existentes de acción ambiental en nuestro entorno.
> Unirnos a un colectivo que esté trabajando activamente en un proyecto específico.
> Aportar ideas y trabajo al desarrollo y la mejora del proyecto.
> Adquirir habilidades que puedan ser útiles, según el enfoque del proyecto.

Liderar

> Discutir con otros cuáles son los problemas socioambientales más urgentes en nuestro entorno y cómo podemos hacerles frente y organizarnos para desarrollar un nuevo proyecto.
> Conocer buenas prácticas de acción climática de todo el mundo que nos sirvan de inspiración.

- Crear nuevos espacios donde aprender juntos y posibilitar nuevas formas de vivir.

Colaborar

- Establecer vínculos con otras personas y organizaciones para extender la iniciativa o llevar a cabo proyectos más grandes y eficaces.
- Buscar oportunidades de asociación con instituciones académicas, empresas locales o la administración pública.

Compartir

- Difundir información sobre la acción climática que llevamos a cabo entre nuestras amistades, en las redes sociales o en eventos comunitarios.

Jóvenes líderes de la acción climática

Ya hemos mencionado a **Greta Thunberg,** que, en agosto de 2018, a los 15 años de edad, empezó a manifestarse frente al Parlamento de Suecia exigiendo acciones inmediatas para combatir el cambio climático, y generó un movimiento global. Pero además de llamar la atención mundial convocando huelgas de estudiantes por el clima y protestas en la calle, los jóvenes también se organizan en diversos movimientos para impulsar la acción climática en sus comunidades.

Te presento a algunos de ellos:

- **Francisco Vera** es un chico colombiano que a los nueve años fundó «Guardianes por la Vida», un movimiento de acción climática que actualmente agrupa a más de 450 niños y niñas y adolescentes de América Latina. Dice Francisco que no le mueve la ecoansiedad sino la ecoesperanza.
- El alemán **Felix Finkbeiner** tenía también solo nueve años cuando en 2007 presentó la idea de plantar un billón de árboles en todo el mundo como una solución efectiva para combatir

el cambio climático. Fundó así «Plant for the Planet», una organización global que tiene como objetivo crear conciencia sobre los problemas del cambio climático y la justicia global. La iniciativa sigue impulsando la plantación de árboles como una acción práctica y simbólica de los esfuerzos por reducir el efecto del cambio climático. Su lema es «Deja de hablar, empieza a plantar».

> **Helena Gualinga**, de Ecuador, proviene de una familia de mujeres amazónicas que han luchado por los derechos indígenas y el derecho de proteger el planeta. Ella ha adquirido el compromiso de dar voz a su comunidad Quichua Sarayaku contra las compañías petroleras que ocasionan daños ambientales en su pueblo, hablando de esto en escuelas y discutiendo sobre el tema con jóvenes, a los que anima a cooperar.

> La joven **Vanessa Nakate** empezó un movimiento en Uganda para pedir justicia climática y llamar la atención sobre la difícil situación de la selva tropical del Congo, la segunda del mundo en dimensión después de la Amazonia. Ha fundado el Movimiento «Rise Up» para ayudar a otros activistas de los países africanos y hace oír su voz en las cumbres internacionales. Para su último proyecto, está instalando paneles solares y cocinas ecológicas en 27 escuelas de su país natal.

> **Olivia Mandle** es una chica de Barcelona activista por la conservación de los océanos y de los animales marinos. Organiza jornadas de limpieza de la playa, las rocas y el fondo marino con voluntarios submarinistas, y también de la superficie del mar con un utensilio que ella misma ha inventado.

Capítulo 13

CAMBIOS COTIDIANOS. SER PARTE DE LA SOLUCIÓN REDUCIENDO NUESTRO IMPACTO

Y llegamos al nivel individual y cotidiano de la acción climática, en el que se trata de hacer cambios en nuestra propia vida. Cambios relativamente fáciles, que la mayoría de las veces solo dependen de uno mismo, y que inciden directamente en la reducción de emisiones de gases con efecto invernadero. Además, muy a menudo ahorran dinero y sirven para vivir mejor. ¡Y nos cargan de razones para exigir cambios a gobiernos y empresas!

Criterios de actuación

La lista de acciones concretas que podemos realizar para reducir las emisiones y promover la salud de los ecosistemas y la biodiversidad es inacabable, ya que todo lo que hacemos a lo largo del día tiene un impacto, positivo o negativo, sobre el entorno. Quien lo considere oportuno puede escribir su propia lista.

Lo que presento aquí son criterios de actuación —con algunos ejemplos— que puedan ayudar a tomar decisiones diarias y a establecer un estilo de vida comprometido. Lógicamente, estos criterios son coherentes con las **respuestas decisivas** que apuntamos al considerar cómo podemos responder colectivamente al desafío del cambio climático.

Sobre la energía

El uso de combustibles fósiles, como el carbón, el petróleo y el gas natural, ha contribuido más que ninguna otra causa al aumento de la concentración atmosférica de dióxido de carbono, y sabemos que para reducir las emisiones de gases de efecto invernadero es necesario abandonar los combustibles fósiles. Responder al reto comporta usar fuentes de energía limpias, como la solar o la eólica, pero también obliga a las sociedades acomodadas a reducir la cantidad de energía que usamos y malgastamos, que es enorme y sigue creciendo.

Dado que hay una relación directa entre la manera de consumir energía y la acumulación de CO_2 en la atmósfera, para detener el cambio climático hay dos criterios fundamentales:

- **elegir fuentes de energía sin emisiones**
- **reducir el consumo energético**

Algunas formas de aplicar estos criterios son:

En casa

- Generar y consumir energía limpia.
  - > Contratar energía generada con fuentes renovables.
  - > Instalar paneles fotovoltaicos para producir electricidad y térmicos para calentar el agua.
  - > Priorizar la electricidad de fuentes renovables sobre el gas.
- Hacer una auditoría energética del hogar para ver dónde se está desperdiciando energía.
  - > Mejorar las condiciones energéticas de la vivienda y del conjunto del edificio.
  - > Mejorar el aislamiento en fachadas, cubiertas, patios y medianeras.
  - > Mejorar los cerramientos, instalar ventanas de doble acristalamiento y carpinterías con rotura de puente térmico.

- Garantizar la eficiencia de los equipos y las instalaciones.
  > Usar sistemas de iluminación de bajo consumo (LEDS).
  > Mejorar los equipos de calefacción y refrigeración, optando por los más eficientes.
  > Elegir los electrodomésticos más eficientes.
- Adoptar los mejores hábitos de ahorro energético
  > Mantener la temperatura de casa entre 19 y 21° en invierno y a 26° en verano.
  > Bajar las persianas y cortinas para evitar el sobrecalentamiento proveniente del exterior en verano y del frío en invierno.
  > Utilizar los electrodomésticos de manera eficiente.
  > No dejar aparatos eléctricos enchufados mientras no los utilicemos.
  > Hacer un buen mantenimiento de los aparatos.
  > Aprovechar la luz natural.
  > Hacer seguimiento continuado del consumo y aplicar mejoras cuando sea necesario.

En los desplazamientos

- Priorizar los desplazamientos a pie o en bicicleta.
- Utilizar el transporte colectivo.
- Si se va a utilizar coche, hacerlo en la máxima capacidad.
- Abonarse a un sistema de vehículos compartidos.
- Si se debe comprar un automóvil, que sea eléctrico.
- En las vacaciones, priorizar destinos cercanos.
- Si hay que hacer viajes largos, optar por el tren en lugar del avión.

Sobre el consumo y los residuos

El consumo de bienes y servicios tiene un impacto muy significativo en el cambio climático. Su producción implica procesos industriales que generan emisiones de gases de efecto invernadero, el uso de recursos naturales y a menudo la degradación de ecosistemas. En todo el proceso, y especialmente al final de su vida útil, se genera una cantidad ingente de residuos, y a todo ello hay que añadir el transporte desde el lugar de producción hasta el consumidor. Cada uno de estos aspectos lleva asociadas emisiones de gases de efecto invernadero.

Por esta razón, una de las cosas más significativas que uno puede hacer individualmente para reducir emisiones es tomar conciencia del impacto de sus compras y resistir a los impulsos del consumo rápido. Para ello es interesante comprender los complejos factores que influyen en nuestros hábitos.

Las empresas necesitan vender productos para generar ganancias y a través de la publicidad nos alientan a consumir más para mantener la economía en crecimiento. Así se ha desarrollado en nuestra sociedad una cultura que promueve la idea de que la felicidad está vinculada a la adquisición de bienes materiales. Una creencia que genera el deseo de comprar más y más cosas para satisfacer esa expectativa: trampa perfecta, porque por esta vía nunca lo lograremos. Influenciados por la publicidad, a menudo sentimos presión social para mantenernos al día con las últimas tendencias y poseer ciertos productos para encajar en la sociedad. Y no pocas veces recurrimos al consumo como una forma de llenar un vacío emocional o buscar gratificación instantánea.

Preguntémonos si realmente somos de los que necesitan consumir tanto y cada vez más para vivir. ¿Qué significa para mí tener una buena vida? ¿Qué es lo que de verdad me hace feliz?

Pensar en mis necesidades reales, no en las cosas que simplemente quiero tener, ayuda a tomar buenas decisiones. Decimos que necesitamos un nuevo móvil, una cafetera de cápsulas, ropa de esta temporada, un coche, un nuevo portátil, otro bolso... La mayor parte del mundo necesita agua, arroz, casa, medicinas, educación.

Para contribuir a abordar el cambio climático desde nuestras opciones de consumo, propongo los criterios siguientes:

- **Reducir el consumo: comprar menos y mejor.**
- **Gastar en aquello que nos ayude a gastar menos.**
- **Dar una larga vida a las cosas.**
- **Minimizar residuos.**

Algunas acciones que nos pueden ayudar a aplicar estos criterios son:

- Antes de comprar
  - Evitar pasar el rato en el centro comercial. Optar por un ocio creativo.
  - No sucumbir a la tentación del «último modelo».
  - No comprarlo si vamos a usarlo poco: se puede pedir prestado.
  - Usar las bibliotecas, ludotecas y otros centros de recursos.
  - Alquilar el equipamiento necesario para fiestas y eventos.
  - Rechazar los objetos de un solo uso.
  - Evitar productos sobreempaquetados.
- Al elegir
  - Leer las etiquetas.
  - Elegir productos hechos para durar.
  - Elegir aparatos eficientes.
  - Elegir productos reciclados y reciclables.
  - Explorar la oferta de segunda mano.
  - Priorizar productos locales.
  - Optar por artículos con etiquetas ecológicas y marcas de empresas con responsabilidad social y ambiental.
  - Sobre todo, no comprar lo que no necesitamos: el producto más ecológico es el que no compramos.
- En el mantenimiento
  - Valorar y cuidar nuestras cosas: ropa, calzado, aparatos electrónicos...

> Aprender a coser y a reparar las cosas de uso cotidiano
> Reutilizar de forma creativa la ropa y los objetos.

- Cuando ya no lo usamos

> Regalar o vender en mercados de segunda mano lo que no utilizamos
> Separar y recuperar para el reciclaje lo que ya no sirve.

¿Realmente necesito esto? Piensa antes de comprar. Elizabeth Illing *es la autora del proyecto* Stopshop, *una exploración visual del consumo de moda rápida. El proyecto, iniciado en 2017, se puede seguir en Instagram* @project_stopshop. *Imagen cortesía de la artista.*

Sobre la alimentación

Reducir las emisiones de gases de efecto invernadero a través de las elecciones alimentarias individuales es una acción poderosa y alcanzable. Que estemos acostumbrados a una determinada manera de comer no significa que no podamos cambiarla; al contrario: variar y descubrir nuevas combinaciones de sabores puede tener muchos alicientes. Al elegir conscientemente una dieta climática, conseguimos a la vez disminuir el impacto de nuestra alimentación sobre el clima y mejorar nuestra salud.

Reduciendo el consumo de proteína animal recortamos emisiones de dióxido de carbono y de metano; optando por productos de agricultura ecológica reducimos también emisiones de óxido nitroso; eligiendo productos locales ahorramos las emisiones del transporte y almacenamiento; optando por alimentos menos procesados ahorramos la energía requerida para la fabricación y el envasado además de las emisiones asociadas a la producción industrial. Finalmente, también la prevención de residuos de la alimentación contribuye a la reducción de emisiones.

Los criterios para abordar el cambio climático con nuestras opciones de alimentación son simples:

- **Reducir el consumo de carne y de productos procesados.**
- **Priorizar alimentos frescos, locales y de temporada, especialmente los de cultivo ecológico.**
- **Aprovechar al máximo los recursos.**

Algunas maneras de aplicar estos criterios son:

- Educar nuestro «paladar climático».
    - Basar la dieta en alimentos vegetales, como cereales, legumbres, fruta y verdura.

    - Reducir el consumo de productos cárnicos, especialmente de carne roja.
    - Aumentar los alimentos frescos y de temporada.
    - Evitar los alimentos procesados.
    - Aprender recetas nuevas para elaborar menús con estos criterios.
    - Cocinar de forma eficiente (tapar, ajustar el tiempo, aprovechar el calor residual).
    - Beber agua del grifo.
- Optar por la producción ecológica y local.
    - Comprar a los agricultores que cultivan sin fertilizantes sintéticos ni pesticidas.
    - Si se come carne, que sea de ganadería extensiva.
    - Priorizar los productos de la pesca artesanal.
    - Elegir productos y variedades locales.
    - Cultivar un huerto.
- Evitar el desperdicio alimentario.
    - Planificar los menús y hacer lista de la compra.
    - No comprar más de lo que se necesita.
    - Evitar que la comida se estropee.
    - Usar la imaginación para aprovechar los restos.
    - En el restaurante, llevarse lo que sobra si nos sirven en exceso.
- Prevenir otros residuos asociados a los alimentos.
    - Llevar bolsa o carrito al ir a la compra.
    - Preferir los productos a granel.
    - Llevar envases reutilizables y duraderos, como bolsas de tela y contenedores de alimentos, para poner la compra.
    - Fuera de casa, utilizar contenedores y cubiertos duraderos en las comidas y rellenar nuestra botella de agua en vez de comprarla en envases de plástico.
    - Compostar los restos orgánicos.

Sobre la conservación de la naturaleza

La potenciación de la biodiversidad y la conservación de la naturaleza son aspectos críticos en tiempos de cambio climático. Aunque a nivel individual tengamos una incidencia limitada en este aspecto, hay algunas medidas que podemos y debemos tomar.

Los criterios de actuación no pueden ser más simples:

- **Evitar cualquier daño.**
- **Fomentar la biodiversidad.**

Algunos ejemplos de acción aplicando estos criterios son:

- Evitar los pesticidas y otros tóxicos.
- Actuar con respeto y precaución al frecuentar espacios naturales.
- Elegir productos de madera certificada como FSC (Forest Stewardship Council), un sello que garantiza prácticas forestales sostenibles.
- Crear pequeños jardines acogedores para la fauna, con plantas autóctonas, flores con néctar para las mariposas, abejas y otros polinizadores, y con frutos carnosos que sirvan de alimento a las aves.
- Brindar espacios para la reproducción de los animales, con cajas nido para los pájaros y murciélagos, u hoteles de insectos.
- Sembrar plantas en el balcón, en los alcorques de los árboles, en los márgenes y descampados.

Sobre la adaptación

Además de hacer todo lo posible para frenar el cambio climático, estamos obligados a tomar medidas para adaptarnos a sus efectos inevitables y reducir al máximo los riesgos. Se trata de salvaguardar la seguridad y el bienestar de las personas, preservar los recursos naturales y mantener un entorno habitable.

La mayoría de las medidas de adaptación han de ser colectivas, pero también las acciones individuales tienen cabida, especialmente por lo que se refiere a la adaptación al calor extremo: todos debemos prepararnos para hacerle frente.

Los criterios de actuación son:

- **Prevención**
- **Solidaridad**

Algunas formas de poner en práctica estos criterios incluyen:

- Cuidarse.
    - Refrescarnos, hidratarnos y protegernos del sol.
    - No realizar actividad física fuerte en horas de mucho calor.
    - Elegir alimentos frescos y ligeros.
    - Mantenernos informados y prestar atención a las alertas de calor extremo.
- Aumentar el confort térmico.
    - Hacer ventilación cruzada.
    - Tamizar la luz natural con persianas, toldos u otros filtros.
    - Crear zonas de sombra en el exterior con sombrillas, cañizos o telas para umbráculo.
    - Cerrar la casa en las horas de sol y ventilar por la noche y la madrugada.
- Aumentar la vegetación, que proporciona sombra y frescor.
    - Poner plantas en los patios, balcones, azoteas, cubiertas y muros.
    - Hacer pérgolas vegetales con especies trepadoras (parras, rosales...).
- Conservar el agua.
    - Extremar la eficiencia en el uso doméstico y en el riego.
    - Recoger agua de lluvia.

- Pensar en las personas más vulnerables.
  > Conocer a los vecinos y estar pendiente de posibles riesgos para su salud y bienestar en caso de calor extremo, principalmente en el caso de personas mayores solas.
  > Investigar qué espacios de refugio climático hay en la zona e informar a las personas que los puedan necesitar.
  > Apoyar proyectos para ayudar a las comunidades afectadas a adaptarse a los cambios que ya se están produciendo.

Mantener una actitud positiva

Permíteme cerrar estas secciones sobre qué hacer con una recomendación. Si ya te has puesto en marcha, persiste con paciencia. No se trata de hacerlo todo de la noche a la mañana, sino de dar pasos progresivos hacia otra manera de vivir. Cada acción, por minúscula que parezca, cuenta y puede ser significativa en el esfuerzo global para abordar la crisis ambiental. Lo más provechoso es que seamos constantes en nuestros esfuerzos. Sin olvidar que con nuestras elecciones y comportamiento podemos inspirar y motivar a otros. ¡La contribución de cada uno es única y genuina!

Es conveniente mantener una mentalidad positiva, ya que el camino es largo y requiere un esfuerzo continuo. Es cierto que hay quienes no asumen su responsabilidad, pero también hay muchas personas, empresas y países comprometidos, que están trabajando diligentemente y desarrollando buenas prácticas, aunque a menudo son menos visibles. Tratemos de estar centrados en lo que suma. Es bueno celebrar los logros, por pequeños que sean. Visualizar resultados positivos y reconocer avances nos darán motivación para seguir adelante.

Como suele decir Kate Raworth: «No seas optimista, si eso te relaja. No seas pesimista, si eso hace que te rindas. Sé activista en el espacio donde tengas influencia.»

Capítulo 14

EL CONOCIMIENTO ES PODER

¿Tiene algo que ver aumentar nuestro conocimiento con la habilidad para regular la ecoansiedad y emprender una acción más efectiva ante al cambio climático? ¡Desde luego que sí!

La ciencia del cambio climático es fundamental para abordar este desafío global de manera efectiva, ya que proporciona la base necesaria para desarrollar estrategias de mitigación y adaptación. Este conocimiento no solo revela la gravedad del problema, sino que permite que todos podamos tomar medidas informadas y ser parte de la solución. En este contexto, exploraremos la importancia de aumentar el conocimiento personal como parte sustancial del afrontamiento de la ecoansiedad y de la respuesta al cambio climático.

Ideas claras

El conocimiento siempre representa poder, y en el proceso de gestionar la ecoansiedad para transformarla en acción efectiva, aumentar nuestra comprensión sobre el cambio climático y las acciones en marcha es una estrategia excelente. Contar con ideas claras actúa como un antídoto contra la confusión y la angustia.

En primer lugar, profundizar en el conocimiento del cambio climático nos proporcionará una comprensión más sólida de sus causas, consecuencias y posibles soluciones, estableciendo así una base robusta para abordar nuestras preocupaciones. Este conocimiento nos capacita para tomar acciones informadas y medidas efectivas, al entender mejor cómo nuestro comportamiento y nuestras decisiones cotidianas influyen en el clima. Además, nos permite participar de manera más activa en debates y toma de decisiones, abogando por políticas efectivas.

Por otro lado, familiarizarnos con iniciativas a nivel global, local o personal para abordar el cambio climático nos proporciona ideas y herramientas concretas que pueden ayudarnos a superar la ecoansiedad, centrándonos en soluciones prácticas. Asimismo, estar al tanto de proyectos colectivos y comunidades de acción nos permite conectar con personas comprometidas, brindándonos la oportunidad de unirnos a estos esfuerzos si buscamos fortalecer la sensación de pertenencia y apoyo. Como hemos visto, el saber que no estamos solos en nuestras preocupaciones y esfuerzos es un elemento valioso para regular la ecoansiedad.

Además, el conocimiento es una herramienta valiosa para encontrar recursos y establecer colaboraciones provechosas. Con la información adecuada podemos identificar oportunidades de financiación y acceder a programas de apoyo para obtener los recursos necesarios para llevar a cabo nuestros proyectos climáticos. Asimismo, estar al tanto de lo que se está moviendo nos permite identificar socios potenciales para establecer colaboraciones y amplifica el impacto de nuestros esfuerzos.

Combatir la desinformación

La necesidad de combatir la desinformación es más apremiante que nunca, ya que la mala información resulta abundante y puede surgir por diferentes motivos.

En muchos casos, los divulgadores, con la intención de hacer más accesibles los conceptos, tienden a simplificar excesivamente cuestiones complejas, lo que lleva a una mala comprensión de la realidad. Hay que reconocer que una parte de la información que se divulga carece de la profundidad necesaria para captar la complejidad inherente a muchos problemas, y esta superficialidad puede generar percepciones distorsionadas y decisiones erróneas.

Además, nos enfrentamos a un desafío aún mayor cuando nos encontramos con desinformación deliberada, donde existe la voluntad de difundir información falsa o sesgada con el objetivo de favorecer intereses particulares. Este tipo de desinformación socava el bien común y contribuye a la toma de decisiones perjudiciales para la sociedad en su conjunto. En la era de la información, la lucha contra la desinformación es una responsabilidad colectiva.

Nos toca adoptar una visión crítica, verificar hechos y respaldar a los medios de comunicación confiables. Optemos por aquellos que demuestren un compromiso activo con la verdad y la transparencia, que aborden los temas de manera informada y ofrezcan posibles soluciones. La difusión de noticias puede influir en la adopción de comportamientos, y una cobertura mediática sólida de las mejores prácticas en el comportamiento individual y social, sin duda, puede contribuir a su difusión.

Elegir fuentes fiables

Para mantenernos informados sobre el cambio climático es conveniente optar por fuentes de información confiables y basadas en la ciencia.

En la red global podemos encontrar información valiosa pero también noticias falsas o sesgadas. Algunas páginas web comparten información no verificada y desinformación deliberada sobre el cambio climático. Es importante ser crítico con la información que leemos y buscar fuentes fiables para corroborar los datos.

A continuación, se ofrecen algunas sugerencias para elegir bien nuestras fuentes de información:

- **Buscar información en fuentes científicas reconocidas y organizaciones de renombre** dedicadas al estudio del cambio climático. Algunas fuentes fiables, cuyas páginas web se pueden consultar, son:
    - Panel Intergubernamental sobre Cambio Climático (IPCC) *https://www.ipcc.ch/*
    - Agencia de Protección Ambiental de los Estados Unidos (EPA) *https://www.epa.gov/climate-change*
    - Organización Meteorológica Mundial (OMM) *https://public.wmo.int/en/our-mandate/climate*
    - NASA — Cambio Climático y Recursos Hídricos *https://climate.nasa.gov/*
    - Observatorio Europeo de Cambio Climático (ECO) *https://climate.copernicus.eu/*
- **Seguir a científicos y expertos**: Muchos comparten información valiosa en sus cuentas de redes sociales y seguir a algunos de ellos nos permitirá estar al tanto de las últimas investigaciones y noticias. Asimismo, muchos investigadores publican divulgación bien hecha sobre los resultados de sus estudios.

The Conversation es una plataforma en línea sin fines de lucro que se especializa en la difusión de contenido académico y experto. Fue fundada en 2011 por Andrew Jaspan y Jack Rejtman en Australia, y se ha expandido internacionalmente con ediciones en varios países. Los artículos están disponibles de forma gratuita para su reproducción, dando los créditos correspondientes a los autores y a la publicación original.

- **Asistir a conferencias y cursos organizados por universidades e instituciones prestigiosas**: hay muchos cursos, conferencias y charlas, presenciales y en línea, que brindan la oportunidad de aprender de primera mano e interactuar con expertos sobre el cambio climático.

Tanto el IPCC como la NASA organizan webinars sobre diversos temas relacionados con el cambio climático.

- **Investigar**. No dudemos en emprender nuestra propia investigación sobre aquello que nos interese, ya sean aspectos científicos y sociales, ya sea sobre buenas prácticas en algún campo concreto.

No solo ciencia

La crisis climática no es solo un tema científico. Plantea un reto colectivo con implicaciones sociales y éticas que deben ser socialmente consideradas. Hay preguntas que la ciencia cuantitativa sola no puede responder, sino que implican a la filosofía, la antropología, la psicología, las humanidades. Los diferentes ámbitos de la cultura deben ocuparse de la cuestión y aportar su perspectiva.

Apuntar a la solución de la crisis climática supone cambiar muchas cosas y a diferentes planos: adoptar lógicas económicas diferentes, diseñar nuevas políticas, y encontrar mejores tecnologías. Pero es especialmente necesario un cambio profundo en las formas dominantes de pensar y de ver el mundo, los valores y asunciones que se traducen en cierta manera de vivir.

Los mitos que nos contamos, las historias sobre las que construimos nuestra vida, los valores más profundos sobre quiénes somos y cómo debemos vivir, son factores muy poderosos y que obligatoriamente debemos tener en cuenta para abordar los retos que tenemos planteados.

Las instituciones culturales resultan puntos estratégicos de comunicación y creatividad social. Son puntos de encuentro y espacios de debate, que pueden dar voz a distintos puntos de vista y facilitar diálogos en clave climática. Estos permiten inventar colectivamente otras formas de producir, vivir y convivir, y ayudan a construir la nueva cultura protectora del clima que necesitamos. Las personas públicas de referencia, los ídolos, los ***influencers***... también pueden jugar un valioso papel para modelar comportamientos y estimular hábitos.

Por todo ello, es recomendable seguir el pensamiento de movimientos críticos, leer artículos de opinión, ver documentales, visitar exposiciones y participar en debates, abriendo la puerta a una comprensión más profunda y personal de los desafíos que enfrentamos.

En estos foros culturales no solo encontraremos hechos y estadísticas, sino también narrativas que pueden fundamentar e impulsar la transformación necesaria, desafiando percepciones arraigadas y brindando nuevas formas de pensar.

Climática es una publicación en línea, independiente y profesional, especializada en crisis climática y pérdida de biodiversidad. Nació en mayo de 2019 y desde entonces resume la actualidad diaria en una selección de noticias, difunde artículos originales y traduce artículos que considera de especial relevancia. *https://www.climatica.lamarea.com/*

Isaac Cordal *es un artista gallego que, en su serie* **Sigue a los líderes**, *crea pequeñas esculturas de figuras humanas en miniatura, representando a políticos y empresarios sumergidos en el agua. Annecy, Francia, 2019.*

El arte de remover conciencias

El arte es un medio especialmente efectivo para hacernos reflexionar sobre los efectos de la emergencia climática a todos los niveles, así como para generar nuevas narrativas e inspiración para explorar realidades alternativas. La música, la fotografía, la literatura, la pintura, el cine, los vídeos, el teatro, las infografías, las ilustraciones, los cómics y toda forma de lenguaje artístico tienen el potencial de ir más allá de los métodos convencionales de comunicación para ayudarnos a reflexionar y a desarrollar ideas innovadoras.

Sin duda, el arte puede contribuir mucho a extender debates indispensables en torno a la crisis climática y a motivar e inspirar la acción. Es una buena noticia que cada vez más creadores y artistas comprometidos estén utilizando su trabajo para hacernos reflexionar a través de diversas formas de expresión. En las imágenes de este libro se puede ver una pequeña muestra de sus obras.

- **Artists Commit** es un colectivo de centenares de artistas y trabajadores en galerías de arte que han firmado un compromiso por el que se obligan a evaluar el impacto de sus actividades, a abogar por prácticas más conscientes del clima, cuando interactúen con colegas, proveedores y clientes, y a hacer público que comparten este compromiso. Además, la plataforma proporciona herramientas y recursos para apoyar a los artistas que catalizan la acción climática. *https://www.artistscommit.com/*

También hay artistas que saben usar su popularidad y capacidad de influencia social para abogar por la acción climática.

- El actor **Leonardo DiCaprio**, por ejemplo, utilizó la plataforma de su discurso de aceptación de los Oscar en 2016 para subrayar su propia opinión sobre la crisis climática ante decenas de millones de espectadores: «Tenemos que dejar de posponer las cosas y apoyar a los líderes de todo el mundo que no hablan en nombre de los grandes contaminadores [sino] en nombre de toda la humanidad, de los pueblos indígenas del mundo, de los miles de millones de personas desfavorecidas que se verán más afectadas por esto... y de esas personas de ahí fuera cuyas voces han sido ahogadas por la política de la codicia». En este caso no se trata solo de palabras, porque la Fundación Leonardo DiCaprio respalda proyectos de conservación en todo el mundo y el actor ha protagonizado documentales en relación con el cambio climático, como *Before the Flood* (Antes de la inundación).
- Otro ejemplo notable es el de **Jane Fonda**, célebre actriz que, con más de ochenta años, destaca no solo por una exitosa carrera en la industria cinematográfica sino también por su papel como activista. Fonda ha utilizado su visibilidad para abogar por la acción climática, liderando actos de desobediencia civil y protestas como las «Fire Drill Fridays», que en 2019 congregaron a personas de todas las edades frente al Capitolio de los Estados Unidos para concienciar sobre la urgencia de abordar la crisis climática. Debido a su compromiso, fue arrestada durante cuatro viernes consecutivos.

- A lo largo de su carrera, la icónica cantante islandesa **Björk** ha prestado su voz a múltiples campañas destinadas a generar impulso público y compromiso político en la lucha contra el cambio climático. Lo que resulta aún más notable es la forma en que ha integrado la lucha ambiental en su extenso catálogo artístico, comprometiéndose creativamente con el cambio climático.

Por otro lado, en los últimos tiempos, atacar simbólicamente ciertas obras de arte emblemáticas se ha convertido en un acto de protesta espectacular para destacar la urgencia de abordar el cambio climático. Desde mayo de 2022, diversos activistas han estado utilizando tartas, sopas, pintura y pegamento para llamar la atención, ensuciando el cristal que protege las obras de arte y adhiriéndose al marco o a la pared que las rodea. Su mensaje es sencillo: el arte no existirá en un planeta destruido.

- En 2022, activistas de la organización **Just Stop Oil** llevaron a cabo acciones impactantes sobre obras de arte expuestas en la National Gallery de Londres. En junio, actuaron sobre el cuadro *El carro de heno*, de John Constable, que representa un idílico paisaje campestre, cubriéndolo con una imagen degradada y contaminada de la misma escena. En octubre, arrojaron sopa de tomate enlatada a la famosa obra *Girasoles* de Vincent van Gogh.
- En noviembre, una acción similar se desarrolló en el Museo del Prado de Madrid, entre la *Maja vestida* y la *Maja desnuda* de Goya. Dos activistas se pegaron al marco de las obras y pintaron «+1,5 °C» en la pared.

En todos los casos, las pinturas resultaron intactas.

El efecto de estas acciones radicales es controvertido. Por un lado, generan una gran cobertura mediática y llaman la atención del público sobre la urgencia climática. Al mismo tiempo, también suscitan críticas sobre la elección de atacar bienes patrimoniales comunes, aunque los activistas dejan claro que no tienen interés en dañar el arte, sino que quieren concienciar sobre la emergencia climática.

Redes sociales

Unirse a grupos o seguir cuentas enfocadas en el cambio climático nos puede proporcionar información valiosa y actualizada. Las redes sociales suelen ser una fuente rápida y accesible para obtener las últimas noticias y estar al tanto sobre eventos, protestas, marchas y otras oportunidades para involucrarnos.

A través de las redes nos conectamos con personas que comparten nuestras preocupaciones y pasiones y podemos encontrar comunidad y apoyo. Ver a otros miembros de la comunidad climática tomar medidas y liderar iniciativas puede inspirarnos y motivarnos. Además, estar en grupos nos brinda la oportunidad de participar en campañas y acciones globales.

Pero, ¡ojo!, las redes sociales pueden ser un caldo de cultivo para la propagación de información errónea. Es preciso seleccionar cuidadosamente las cuentas que se siguen, mantener una actitud crítica hacia la información publicada y verificar siempre su veracidad antes de compartirla.

Hay que tener presente, también, que las redes sociales a menudo ofrecen información breve y fragmentada, lo que puede hacer difícil obtener una comprensión completa de los problemas y las soluciones.

Asimismo, algunos grupos pueden ser escenario de debates polarizados y socavar el ambiente constructivo necesario para trabajar con eficacia. Aunque estar en grupos y seguir cuentas sobre cambio climático puede ser interesante, hay que asegurarse de que las ideas se traduzcan en medidas concretas: si no, será bastante inútil.

Pasar el día buscando noticias, seguir muchas cuentas o unirse a múltiples grupos puede generar una sobrecarga de información que dificulta la asimilación de datos relevantes y útiles. Además, la exposición constante a noticias y discusiones sobre el cambio climático y sus impactos puede generar más ansiedad. Mejor evitar la sobreexposición, para proteger nuestra salud mental y ser eficaces.

Controlar la cantidad de tiempo que dedicamos a las plataformas en línea y a las redes sociales y buscar el equilibrio entre estar informados y cuidar nuestro bienestar emocional permite ser más efectivos en la acción contra el cambio climático y mantener una perspectiva positiva.

Compartir nuestro conocimiento

La difusión del conocimiento sobre los problemas ambientales tiene un efecto multiplicador. Podemos inspirar a más personas a tomar medidas y a unirse a la acción, creando un impacto positivo a mayor escala. Una manera de contribuir es compartir nuestros conocimientos y aprendizajes con amigos y familiares y promover prácticas e iniciativas ambientales en casa, en el lugar de trabajo o estudio, en las actividades de ocio o en las redes sociales.

Capítulo 15

LA ECOANSIEDAD DE LOS OTROS

Aunque consigamos regular la ecoansiedad de modo que no nos afecte especialmente, es posible que nos preocupemos por las personas de nuestro entorno que la están sufriendo de manera más aguda y nos preguntemos cómo podemos ayudarlas. Esta sección intenta proporcionar reflexiones y recursos con este propósito.

Cómo echar una mano a alguien que siente ecoansiedad

Al hablar con una persona que está experimentando ecoansiedad, el punto de partida debe ser siempre **validar** sus emociones y sentimientos. La realidad es que el impacto de las emociones difíciles relacionadas con el cambio climático y la pérdida ambiental tiende a ser subestimado socialmente. Por lo tanto, es oportuno hacerle saber a quien la sufre que tomamos en serio sus emociones y sentimientos, que los comprendemos y los consideramos legítimos y naturales. Lo lograremos si mostramos un interés genuino y evitamos minimizar sus sentimientos.

También es positivo reforzar la idea de que esta persona **no está sola**. No es la única que lidia con estas preocupaciones y, además, nosotros estamos ahí para apoyarle.

No nos preocupemos demasiado por lo que debemos decir. En realidad, no es tan trascendental lo que digamos o no, sino nuestra capacidad para escuchar de manera **empática, activa y plena.** A menudo, la simple presencia de alguien que nos escucha es reconfortante. Esto se logra al atender con calma, dando tiempo y espacio para expresar pensamientos, emociones y necesidades sin interrupciones ni juicios. Cada persona requiere su propio tiempo; respetemos el **ritmo** de su proceso.

Podemos alentarle a **cuidarse** y dar prioridad a su bienestar, sugiriendo que descanse lo suficiente y participe en actividades que le resulten placenteras y relajantes.

A través de nuestra conversación podemos proporcionar una perspectiva que le ayude a encontrar **esperanza y motivación** y empoderarla para **pasar a la acción**. Se trata de animar a esta persona a concentrarse en lo que puede controlar y a actuar en su vida diaria y en su comunidad. Será bueno recordarle que todas las pequeñas acciones suman y subrayar el poder de la acción colectiva, invitándola a participar en proyectos comunitarios donde pueda hallar personas afines, apoyo emocional y complicidades. Podemos explorar juntos las opciones disponibles en el entorno, de acuerdo con sus intereses y habilidades personales.

También podemos ofrecer apoyo concreto, con preguntas como **«¿Hay algo específico en lo que pueda ayudarte?»** o **«¿Necesitas hablar más al respecto?»** Si creemos que podría beneficiarse de **ayuda profesional**, podemos sugerirle la posibilidad de hablar con un terapeuta o unirse a un grupo de apoyo, y ayudarle a buscarlos, si es preciso.

Acompañar en las emociones

A estas ideas generales podemos añadir algunas sugerencias específicas que conviene tener presentes según estemos tratando con un tipo u otro de emociones.

Al apoyar a una persona que siente **miedo** ante las amenazas del cambio climático podemos empezar explicitando que entendemos sus preocupaciones y que consideramos completamente normal que esté asustada en esta situación. Reconozcamos los desafíos que tenemos que enfrentar, sin aumentar su inquietud. Si algunas de la preocupaciones que expresa son infundadas y tenemos información que pueda calmar sus temores, la podemos compartir de manera tranquila y objetiva, siempre respaldada por hechos y evidencias. También debemos ser sensibles y no minimizar sus sentimientos con frases como «No hay nada de que preocuparse» o «No deberías sentirte así».

Podemos enseñarle a ver el miedo como un aviso que nos prepara para actuar y ayudarle a conectar con los recursos que todos poseemos para afrontar situaciones difíciles. Entender este miedo como una alerta que nos impulsa a reaccionar y reconocer los recursos personales y colectivos en los que podemos confiar puede cambiar completamente la perspectiva y el ánimo de la persona.

En situaciones de rabia, es esencial reconocer y comprender el dolor y la frustración y dar tiempo para el desahogo. Evitemos la tentación de responder de manera apresurada pidiendo que la persona sea razonable. En el momento de la ira, lo último que necesitamos es que alguien nos hable desde la serenidad, haciéndonos sentir culpables por exteriorizar nuestras emociones.

Cuando alguien está desahogándose, las frases apaciguadoras, del tipo «Tómatelo bien», pueden cerrar la puerta a una comunicación efectiva, ya que la persona se siente incomprendida. Aunque nuestro deseo sería tranquilizarla rápidamente, esto no es posible, y debemos saber brindarle el espacio necesario para desahogarse. Mostrar comprensión permite que la otra persona, de manera progresiva, desvíe su rabia hacia la aceptación. La empatía y la paciencia son clave para crear un entorno en el que la ira pueda ser procesada.

En el caso de la tristeza, podemos brindar consuelo. Consolar es confortar, abrazar, y sostener en silencio. Damos consuelo escuchando con atención lo que la persona siente que ha perdido y como esta pérdida ha afectado su vida, y ofreciendo nuestro apoyo a través de un abrazo silencioso.

Acompañar a alguien en su duelo requiere una dosis notable de sensibilidad y comprensión, incluso si no se comparten exactamente sus sentimientos. Evitemos el error de relativizar la pérdida, con frases como «No es para tanto» o «No te preocupes», con tal de animar a la persona que sufre. Simplemente, ofrezcamos nuestra presencia, solidaridad y apoyo. No presionemos a la persona para que se sienta mejor rápidamente, permitámosle procesar sus emociones a su propio ritmo.

Si tenemos experiencias similares, podemos compartirlas de manera respetuosa para que la persona no se sienta sola en su dolor. También podemos ofrecer consuelo práctico, preguntando si hay algo específico que podamos hacer para ayudar.

En última instancia, brindar consuelo implica crear un espacio seguro y compasivo donde la persona pueda expresar sus sentimientos y recibir el apoyo que necesita.

Para ayudar a una persona que siente culpa por su contribución a la crisis climática o por no estar haciendo lo suficiente para abordarla, es recomendable proporcionar un entorno acogedor que le permita expresarse sin temor a ser juzgada. La conversación debe ser un proceso gradual y respetuoso, donde nuestra empatía juegue un papel fundamental al reconocer que todos cometemos errores.

Será beneficioso explicarle que la culpa sirve para poner los errores sobre la mesa y poder mejorar, pero no para que nos atormentemos. Acompañémosla a liberarse de la parálisis de la culpabilidad y a empoderarse asumiendo su responsabilidad, identificando algunas acciones que pueda emprender.

Podemos recordarle que el cambio climático no es culpa exclusiva de una persona, pero resulta crítico asumir la responsabilidad de cada cual para buscar soluciones. Aunque no tengamos la culpa directa, debemos ser responsables por nuestro propio bienestar.

En familia

Para madres, padres y tutores, ayudar a los hijos a afrontar las emociones asociadas a la ecoansiedad supone un reto añadido a la apasionante, pero compleja, tarea de acompañar el desarrollo de la inteligencia emocional de los jóvenes.

En algunas familias, son los adolescentes quienes plantean esta situación, a veces novedosa para los adultos; en otras, son los mayores quienes lideran proactivamente, trabajando para dotar a los niños y niñas de herramientas necesarias para manejar su malestar climático.

Indudablemente, es necesario que la ecoansiedad se aborde en el ámbito familiar, de modo que se puedan atender las inquietudes de los pequeños, calmar sus temores y fomentar su capacidad de emprender acciones positivas, cuidando siempre de su salud mental. La forma de hacerlo variará según las edades de los chicos y el estilo propio de cada familia.

A continuación, compartimos algunas sugerencias y orientaciones generales por si pueden resultar útiles en este proceso.

Fomentar la comunicación abierta

- Animar a hijos e hijas a expresar sus preocupaciones y preguntas sobre el cambio climático y otros problemas ambientales. Escuchar activamente y ofrecer apoyo afectuoso para que se sientan cómodos expresando sus emociones.
- Validar sus emociones. Confirmar que está bien sentirse preocupado y que sus sentimientos muestran que son personas conscientes y sensibles.
- Asegurarles que somos muchos los que sentimos inquietud ante la crisis ambiental y que estamos dispuestos a actuar para prevenir sus consecuencias.

Dar información adecuada

- Introducir mensajes positivos sobre la importancia de conservar el medio ambiente, desde temprana edad.
- Ajustar la conversación a su nivel de comprensión y responder a sus preguntas de manera clara y simple.
- Proporcionar información precisa sobre los aspectos concretos que les preocupen y evitar sobreinformación que pueda aumentar su ansiedad.
- Destacar los cambios que se pueden hacer para mejorar y mostrarles ejemplos de acciones que se están llevando a cabo.

Estimular la acción

- Asegurarles que todo lo que hacemos suma, por pequeño que sea. Invitarles a pensar juntos qué acciones podéis hacer como familia y qué compromisos queréis adquirir.
- Participar juntos en proyectos y actividades colectivas con otras familias de la escuela, con asociaciones locales o con organizaciones ambientales.
- Fomentar su participación en proyectos escolares o de sus grupos de tiempo libre.

Crear hábitos

- Modelar comportamientos en el hogar.
- Fortalecer la coherencia entre lo que se dice y lo que se hace.
- Enseñar buenos hábitos, como ahorrar agua y energía o prevenir residuos.
- Cuidar el bienestar emocional.
- Limitar el tiempo que pasan viendo noticias que contribuyen a su ansiedad.
- Practicar estrategias de relajación, como la respiración consciente, la actividad física o pasar tiempo al aire libre.
- Apreciar la naturaleza en familia. Tomarse tiempo para disfrutar juntos de los espacios naturales y establecer vínculos de pertenencia y aprecio con la tierra y los demás seres vivos.
- Asegurarse de que tengan tiempo para actividades recreativas.
- Buscar apoyo profesional si la ecoansiedad está alterando su vida y su bienestar de manera significativa.

Prevenir la ecoansiedad a través de las etapas del desarrollo

Cuando se trata de los niños y niñas más pequeños, es prioritaria su seguridad y su tranquilidad mental. Como adultos debemos procurarles un entorno seguro y amoroso, brindarles apoyo emocional y fomentar su desarrollo saludable. Hablar de los problemas ambientales puede esperar. Los niños necesitan tiempo para desarrollar habilidades cognitivas y emocionales antes de abordar temas complejos, como el cambio climático, y es especialmente importante evitar abrumarlos.

La infancia temprana es un momento crucial para experimentar el contacto con el medio natural, conocerlo y apreciarlo. Este contacto es muy beneficioso para la salud física y mental de los pequeños y también permite cultivar su amor por la naturaleza, que les impulsará a asumir la responsabilidad de su preservación durante toda la vida. La experiencia directa del entorno natural nos induce a establecer una conexión directa que nos hace sentir parte de él. No es tan relevante lo que los niños *saben* sobre la naturaleza como aquello que *viven* cuando están en contacto con ella. Los entornos naturales crean una sensación única de maravilla para los niños, que ningún otro ámbito es capaz de proporcionar. Conmovidas por la belleza y el bienestar que nos ofrece la naturaleza, las personas reforzamos nuestro vínculo con ella y, a menudo, estas emociones nos motivan de manera mucho más efectiva que la razón. Por oposición, no se puede esperar aprecio por algo que no se ha tenido la oportunidad de conocer.

Durante la primera infancia, vivir la naturaleza con los niños puede ser infinitamente más fructífero que hablarles de unos problemas ambientales que ni pueden comprender ni tienen responsabilidad para abordar. Desde luego, hay que responder siempre a sus preguntas, pero adaptándonos a su nivel de comprensión y sin generar miedo. Al hablar del cambio climático, por ejemplo, podemos explicar que la manera de vivir de las personas influye sobre el clima y que todos debemos hacer cambios para que nuestro planeta siga siendo acogedor. Saber que nuestras acciones afectan a la Tierra en positivo o en negativo puede fomentar su sentido de responsabilidad hacia el cuidado del entorno. Por el contrario, entrar en detalles alarmantes podría causar a los pequeños una ansiedad innecesaria.

A medida que los niños y niñas avanzan en su desarrollo, adquirirán gradualmente una comprensión más profunda de los desafíos ambientales. Durante este proceso, podemos fortalecer su sentido de responsabilidad, proporcionándoles herramientas para cultivar una visión crítica y tomar decisiones informadas. Aunque la escuela desempeña un papel central en este proceso educativo, es igualmente relevante que participen en grupos de pares donde puedan practicar su autonomía y tomar parte en acciones comunitarias.

Estos grupos se vuelven decisivos en la adolescencia, cuando los amigos asumen un papel más influyente que los padres. Estos entornos ofrecen entonces un espacio donde los jóvenes pueden sentirse respaldados mutuamente, intercambiar ideas, aprender y participar en acciones colectivas. De este modo desarrollan progresivamente sus propias ideas y valores.

En la adolescencia se alcanza la capacidad de comprender la complejidad del cambio climático y comienza a revelarse la intrincada red de intereses involucrados en las decisiones del mundo adulto. La preocupación por los acontecimientos, la frustración hacia los adultos por su aparente falta de acción y la dificultad para definir la propia forma de concretar acciones efectivas contribuyen a menudo al malestar emocional. Este periodo se caracteriza por un pensamiento idealista y radical, respuestas impulsivas y un entusiasmo capaz de empujar a los jóvenes a emprender acciones valiosas y proyectos potentes. Sin embargo, también puede dar lugar a sentimientos de incomprensión, rabia e impotencia.

Aunque la opinión y la influencia de los amigos y personas de su edad parecen más relevantes que las de los adultos, es esencial que los adolescentes se sientan respaldados por la familia. Respetando su protagonismo e iniciativa, podemos mostrarnos disponibles y proporcionar ayuda práctica si la solicitan. Hay que mantener un equilibrio entre fomentar su autonomía y ofrecer un apoyo sólido, reconociendo la importancia de su voz y brindando orientación cuando sea necesario.

Cuando los adolescentes sienten que los adultos no toman en serio sus preocupaciones ambientales, pueden generarse tensiones en la familia. Es atinado que los adultos reconozcamos y respondamos de manera adecuada a las inquietudes de los adolescentes y dediquemos tiempo de calidad a escuchar y conversar con los hijos. Crear un espacio donde puedan expresar sus opiniones y sentimientos sin temor a ser juzgados ayuda a construir puentes de comunicación. Aunque no se esté de acuerdo en todos los aspectos, encontrar soluciones intermedias que respeten las preocupaciones de los adolescentes y las necesidades de la familia en su conjunto ayudará a mejorar las relaciones.

En caso de que el malestar y la tensión sean persistentes y afecten significativamente a la dinámica familiar, un terapeuta puede facilitar la comunicación y ayudar a buscar soluciones, como mediador externo.

Coyote skin :: Dusty Paws. Rebecca Lee Kunz, *2021. La autora, miembro de la nación Cherokee de Oklahoma, describe esta obra como un autorretrato en el que se ve corriendo acompañada de coyotes que la llaman a luchar por la supervivencia de los humanos y la naturaleza. Imagen cortesía de la artista.*

Capítulo 16

EL PAPEL DE LA EDUCACIÓN

Más allá de la familia y del entorno inmediato, también el ambiente donde los chicos y chicas socializan y, en particular, la escuela, tienen una gran influencia en su manera de vivir, sentir y enfrentarse a la crisis ambiental.

La percepción y respuesta de los jóvenes a esta crisis se ven moldeadas por las actitudes, valores y prácticas de la sociedad que los rodea. El entorno social puede inspirar a los jóvenes a adoptar estilos de vida y a abogar por acciones colectivas para abordar la situación, o generar angustia, apatía o indiferencia. Las expectativas sociales, las normas culturales y las estructuras institucionales también pueden ser determinantes, ya que influyen en la disponibilidad de recursos para la educación ambiental y las oportunidades para la participación.

En este contexto, el sistema educativo formal tiene un papel primordial. La escuela ofrece un entorno estructurado donde se adquieren conocimientos y se desarrollan habilidades esenciales para la vida. Si su misión es contribuir al desarrollo integral de las personas preparándolas para afrontar los desafíos de la vida, la reflexión sobre la crisis ambiental y el abordaje de las emociones difíciles que lleva asociadas deben estar, sin duda, presentes en la escuela.

Educación ambiental para la sostenibilidad

La filósofa Marina Garcés afirma que «preguntarnos "¿cómo educar?" es preguntarnos cómo queremos vivir». Desde esta perspectiva, el propósito de la acción educativa ambiental no se puede limitar a aprender a reducir emisiones y adaptarse a los cambios en el clima. Más allá de las respuestas forzosas, debe habilitarnos para contribuir a pensar y crear otro mundo posible y mejor.

El término «sostenibilidad» ha sido utilizado desde la década de 1980, para referirnos a la habilidad de configurar una sociedad capaz de generar prosperidad para todos sin dañar los sistemas naturales que sustentan la vida. Sin embargo, en la actualidad, esta palabra, desgastada, manoseada y mal utilizada en diversos ámbitos, ha caído en la trampa de la retórica vacía, corriendo el riesgo de perder por completo su significado. A pesar de todo, el objetivo es más válido que nunca: aspiramos a hacer de nuestro mundo un lugar ecológicamente seguro y socialmente justo. A este propósito nos referimos cuando hablamos de educación ambiental para la sostenibilidad.

El cambio climático es un problema urgente que nos obliga a explorar soluciones y a transformar tanto nuestra vida cotidiana como nuestras sociedades de manera que causen menos problemas y beneficien a la mayoría de las personas. Pero esta necesidad también se presenta como una oportunidad para un cambio transformador que requiere una acción pedagógica decidida.

En la escuela y el instituto

El centro educativo es el entorno en que los niños, niñas y adolescentes pasan la mayor parte de su tiempo y actúa como un microcosmos social que influye en la formación de sus valores y actitudes y en su desarrollo integral, como personas y como ciudadanos. La interacción con compañeros, docentes y el currículo educativo contribuye a la construcción de su identidad, moldeando sus perspectivas sobre el mundo y su papel en la sociedad. En este contexto, la escuela o el instituto resultan determinantes en la percepción de la crisis ambiental de los jóvenes y en su manera de darle respuesta, al tiempo que pueden jugar un papel muy positivo brindándoles apoyo emocional y herramientas para regular las emociones difíciles.

¿Qué tipo de educación ayudará mejor a los jóvenes a comprender, procesar y responder de manera constructiva a los desafíos ambientales? ¿Cómo les activará para imaginar una sociedad más segura y justa y un futuro mejor?

En los más de 40 años de experiencias en educación ambiental en todo el mundo, son muchas las personas, educadoras e investigadoras, que se han planteado estas preguntas y han ido apuntando respuestas a partir de la experiencia y la evidencia. Repasaremos brevemente alguno de estos hallazgos.

Transformadora

La educación ambiental para la sostenibilidad busca impulsar cambios que conduzcan a una sociedad justa que respete los límites planetarios. Es una **educación transformadora,** centrada en desarrollar las **competencias** que pueden hacer posible que las personas participen eficazmente en un mundo cada vez más complejo y contribuyan a su transformación.

> «Esta educación tiene el propósito revolucionario de transformar los valores que actualmente fundamentan nuestra toma de decisiones (y que favorecen la degradación ambiental y humana) en unos nuevos valores que apoyen un planeta sostenible en el que todas las personas vivan con dignidad. Esto contrasta con el propósito tradicional de la escuela de conservar el orden social presente reproduciendo las normas y los valores que actualmente dominan la toma de decisiones».
>
> Robert B. Stevenson

Emancipadora

Cuando se trata de educar para el cambio, existen básicamente dos enfoques.

Uno busca promover modificaciones en el comportamiento para adoptar soluciones ya consensuadas y consideradas beneficiosas. Esto implica fomentar prácticas apropiadas, así como el uso de productos y servicios que reduzcan nuestro impacto ecológico, como apagar luces, aislar la casa, ir en bicicleta, comprar localmente, etc. En este enfoque, los expertos y gestores señalan lo que se debe hacer y los no expertos siguen estas indicaciones para abordar problemas claramente identificados.

El otro enfoque reconoce que la situación no es tan simple, que los problemas cambian y que las soluciones más efectivas aún están por inventar. Se trata de desarrollar el potencial de las personas para intervenir y responder, tanto en el presente como en el futuro. Esta perspectiva implica **construir la capacidad para pensar críticamente** más allá de las indicaciones de los expertos, explorar dilemas y contradicciones, y desarrollar habilidades para tomar buenas decisiones ante la incertidumbre del futuro.

Aunque la educación ambiental se asocia a veces con el primer enfoque, este se asemeja más a una instrucción. El segundo es verdaderamente educativo en la medida en que busca el desarrollo personal y las capacidades de las personas para ser agentes activos del cambio.

Estos enfoques, descritos por los profesores Paul Vare y William Scott, se conocen como **educación instrumental** y **educación emancipadora** y no se consideran opuestos ni secuenciales, sino más bien complementarios. La instrucción es necesaria, ya que existen soluciones y buenos hábitos, como ahorrar energía o comer menos carne, que debemos aprender lo antes posible, de la misma manera que de pequeños aprendemos a lavarnos las manos. Sin embargo, no conviene limitarse exclusivamente a promover soluciones preestablecidas sin comprender el origen de los problemas ni reflexionar sobre las posibles respuestas. Centrarse solo en ofrecer soluciones pautadas reduce la capacidad de las personas para pensar por sí mismas. Y a eso no se puede renunciar, ya que **una misión fundamental de la educación es ayudar a pensar**, despertando y entrenando el sentido crítico. El segundo enfoque se vuelve esencial cuando consideramos un futuro incierto y deseamos que las personas sean capaces de interpretar el mundo en el que viven y actuar para contribuir a mejorarlo.

Capacitadora

La educación ha de permitir aprender lo necesario para hacer frente a los desafíos que se nos presentan.

Si hablamos en concreto del cambio climático, esto implica, por un lado, comprender el fenómeno, sus causas, consecuencias y posibles soluciones: se tratará de **entender el funcionamiento** del sistema climático y también el funcionamiento de los sistemas humanos y las trayectorias sociales y económicas que han contribuido a la situación actual. Pero suministrar información de calidad solo es una pequeña parte de la tarea, ya que el propósito educativo no es llegar a saberlo todo sobre el cambio climático, sino tener capacidad de pasar a la acción.

Esta capacitación implica dos aspectos: la adquisición de **herramientas** para actuar y el **empoderamiento** para utilizar esas herramientas de manera efectiva. Es decir, implica el desarrollo de habilidades instrumentales necesarias para ser capaz (analizar, investigar, evaluar, imaginar creativamente, proyectar, empatizar, comunicar, negociar, tomar decisiones, planificar, cooperar, ejecutar). Y, simultáneamente, busca fortalecer la motivación y el coraje necesarios para sentirse capaz de aplicar de manera productiva estas habilidades.

En palabras del profesor Pablo Meira, «este es un momento crítico en el que debemos pensar en la eficacia colectiva de nuestra acción educativa para fortalecer **la capacidad y la disposición** de las personas y las comunidades a lograr cambios significativos».

Positiva y constructiva

La educación ambiental es positiva y **orientada a la acción**. Si vale la pena conocer los problemas es porque vale la pena actuar para contribuir a hacerles frente y superarlos.

Los mejores proyectos de educación ambiental se centran en **situaciones reales**, en las que se identifican disfunciones y se buscan soluciones. El proyecto estimula a los participantes a **desarrollar una mirada crítica y a explorar alternativas posibles**, al mismo tiempo que se va comprendiendo mejor la naturaleza compleja y multidimensional de la crisis ambiental.

A través de la planificación y la organización de una acción real, el alumnado se empodera para **aplicar su aprendizaje en hacer cambios positivos** en sus vidas, en el centro y en el entorno. Después, los participantes reflexionan sobre lo que se ha hecho, cómo se ha hecho y lo que se ha conseguido, para determinar qué han aprendido y qué harían de manera diferente si volvieran a empezar. La **reflexión sobre la práctica** es decisiva para el aprendizaje.

Más allá de los resultados concretos obtenidos mediante los proyectos que se llevan a cabo, el valor educativo se encuentra precisamente en el proceso. Entender una situación y darle respuesta junto con los demás, asumiendo con responsabilidad la parte que a cada uno le corresponde, son competencias necesarias para convertirse en personas capaces de organizarse e intervenir activamente en una sociedad cambiante, plural y compleja. Todo esto y más **se aprende mediante la acción, la experiencia y la reflexión**.

Además, vivir la experiencia directa de que uno mismo, y con los demás, puede hacer cosas provechosas y lograr resultados, nos **empodera** y nos estimula a intentarlo de nuevo.

Participativa y cooperativa

Los proyectos de educación ambiental son espacios donde todos tienen oportunidad de entender qué significa **una forma de vida democrática** y ejercitarla. Tomando parte activa e implicándonos en imaginar cómo podemos mejorar nuestro entorno y en hacer posibles transformaciones concretas, desarrollamos habilidades necesarias para crear una sociedad más justa, empezando por el aprendizaje y la práctica de la misma participación. Y es que a participar se aprende participando. Paco Heras, biólogo ambiental experto en educación ambiental, defiende también este punto de vista cuando afirma que

la participación es un fin y un medio en educación ambiental y que el conocimiento puede conducir a la acción, pero la acción también puede conducir al conocimiento.

Hay que **garantizar el reconocimiento de todas las voces, ideas y aportaciones**, permitir opinar y formar parte de la decisión, la ejecución y la evaluación de las acciones llevadas a cabo. Al mismo tiempo, los papeles de cada uno pueden ser diferentes según la edad y las circunstancias.

Un estilo de **aprendizaje cooperativo** brinda a los jóvenes la oportunidad de trabajar con sus iguales, con los valores y las perspectivas de cada uno, para construir juntos las respuestas a las cuestiones que se les planteen. Este proceso les entrena a relacionarse con las demás personas con empatía y a considerar diferentes maneras de mirar los problemas, las soluciones y las estrategias, antes de adoptar una posición.

Es vital aprender **a crear vínculos y a trabajar con otros** para dar respuesta a los problemas ambientales, evitando así sensaciones de desamparo. Creando contextos y situaciones de aprendizaje que inviten a comunicar e interaccionar con otros, pensar, visionar futuros, imaginar alternativas juntos y cooperar para hacerlas realidad, la escuela puede promover el trabajo en equipo y la acción colectiva y ayudar a desarrollar un sentido de responsabilidad compartida.

Integral

La educación ambiental aborda el contenido, la metodología y los resultados del aprendizaje, y requiere un **enfoque integral de centro** que implica a toda la comunidad. y a todos los ámbitos. Adquirir capacidad para actuar no es el resultado de actuaciones puntuales: es necesaria la **inmersión en un contexto en el que se ponga en práctica lo que se predica**. La visión y los valores **se han de traducir en acciones** relacionadas con todos los ámbitos: la docencia, la gobernanza, el entorno físico y la relación con la comunidad, fortaleciendo la coherencia entre lo que se predica y lo que se hace.

La organización del centro, los espacios participativos, el presupuesto, los criterios de compra, la gestión del agua y la energía, el uso compartido de recursos (libros, material de aula, etc.), la distribución del tiempo y de los espacios, las celebraciones o la relación con el barrio, entre muchos otros, son **territorios concretos en los que se evidencia la solidez del compromiso del centro**. Asimismo, el ideario se refleja en el día a día a través del comportamiento de las personas que componen la comunidad educativa.

Algunos elementos clave de un enfoque integral de la educación ambiental en una escuela incluyen:

- **Cultura de sostenibilidad.** La escuela promueve una cultura positiva, donde la conservación del medio ambiente como espacio justo y seguro para la humanidad se convierte en parte de la identidad de la institución.
- **Currículo integrado.** La educación ambiental no se limita a una materia específica, sino que se aborda de manera transversal en las distintas áreas del conocimiento.
- **Gestión de los recursos.** La escuela adopta buenas prácticas en todas las instalaciones y operaciones, incluyendo la contratación o generación de energía sin emisiones, la eficiencia energética, la reducción del consumo y los residuos, los menús, la biodiversidad del patio y el entorno, el ahorro de agua, la adaptación al calor, etc.
- **Participación de la comunidad.** La educación ambiental integral involucra a toda la comunidad educativa, incluyendo alumnado, docentes, personal administrativo y familias, y se fomenta la participación de todos en proyectos de mejora.
- **Colaboración con el entorno.** La escuela establece colaboraciones con organizaciones y actores del entorno y con otros centros educativos que comparten su compromiso ambiental para desarrollar actividades y proyectos conjuntos.

Conectada con la naturaleza

La educación ambiental debe incluir experiencias sensoriales en el medio natural para fomentar **el vínculo y la conexión emocional con la naturaleza**. El contacto directo e interactivo con los elementos naturales y otros seres vivos conlleva beneficios para el bienestar físico y emocional, como ya se mencionó, pero, además, sentir una conexión personal con la naturaleza nos ayuda a internalizar el concepto básico de la **ecodependencia**. Los seres humanos no somos independientes de la naturaleza. No solo dependemos vitalmente del agua, el aire, el suelo fértil y otras especies de la tierra, sino que un gran número de ellas forman parte de nuestro propio cuerpo, actuando como microbiota indispensable para nuestro normal funcionamiento. ¡Somos naturaleza! Y comprender esta profunda interconexión es fundamental, ya que resalta que el estado del medio ambiente nos afecta y, a su vez, nuestra manera de vivir tiene repercusiones en el medio ambiente.

Las **buenas experiencias** al aire libre y la conexión con la naturaleza también son motivadoras para la acción, porque las personas somos más propensas a comprometernos cuando sentimos que estamos protegiendo algo significativo para nosotros, algo que amamos y valoramos.

La escuela puede cultivar una conexión más profunda de los niños, niñas y jóvenes con el entorno natural, contribuyendo así al desarrollo de una mayor conciencia ambiental y aprecio hacia todas las formas de vida.

Afectiva

Reconociendo la importancia de su dimensión afectiva, la educación ambiental desempeña un papel primordial en el abordaje y **prevención de la ecoansiedad** entre los jóvenes. Resulta esencial acompañar a los chicos y chicas a reconocer, sostener y regular sus emociones difíciles y proporcionarles herramientas y estrategias para afrontarlas de manera constructiva.

En este sentido, el entorno escolar puede ofrecer un espacio seguro y acogedor y crear un ambiente propicio donde los jóvenes pueden expresar sus inquietudes y cultivar habilidades emocionales. Además, el enfoque integral de la educación que hemos presentado —caracterizado por su naturaleza capacitadora, positiva, constructiva y cooperativa— contribuye a la prevención de la ecoansiedad y al empoderamiento de los jóvenes como ciudadanos capaces de construir su presente y su futuro.

«Si no es ahora, ¿cuándo? Si no somos nosotros, ¿quién?». Este es el lema del programa «Cuidemos el Planeta», que acompaña a los centros educativos de secundaria en el desarrollo de proyectos protagonizados por el alumnado para hacer frente a la crisis socioambiental. El programa, que nació en Brasilia en 2010, con la Conferencia Internacional de Jóvenes, implica encuentros a diferentes escalas: escolar, autonómica, estatal y europea. ***https://www.miteco.gob.es/es/ceneam/recursos/mini-portales-tematicos/esenred/confint.html***

La escultura **La Fuerza de la Naturaleza**, *de* Lorenzo Quinn, *parece captar la fuerza y la energía de la naturaleza y muestra los fuertes vínculos entre los seres humanos y la naturaleza. Instalada en Katara Cultural Village en Doha, Qatar, Oriente Medio (2018).*

Los profes también sienten ecoansiedad

Además de la propia preocupación ante la crisis ambiental, los docentes y educadores viven a diario la ecoansiedad de algunos de sus alumnos, y se esfuerzan por encontrar recursos efectivos para ayudarles a enfrentar su desasosiego.

El apoyo y la formación continua son claves para que los docentes puedan desempeñar de manera efectiva su papel imprescindible en la educación ambiental y en la prevención de problemas de salud mental en los estudiantes.

En este sentido, las redes de profesorado y de centros educativos comprometidos son recursos valiosos que facilitan el intercambio de conocimientos y experiencias, la actualización, el trabajo conjunto y el respaldo emocional.

- **Teachers For Future Spain, Profes por el Futuro** es un colectivo de docentes preocupados por el estado de emergencia climática, que llevan a cabo acciones concretas para cambiar la gestión de los centros escolares, aportando un enfoque ecosocial y favoreciendo la reconexión del alumnado con la naturaleza. Forman parte de la red global de docentes y educadores **Teachers for Future**. En su página web encontramos reflexiones, recursos y buenas prácticas *https://teachersforfuturespain.org/*
- La **Guía del programa Escuelas + Sostenibles. ¡Pasemos a la acción!** explica por qué y para qué es importante que un centro se comprometa con la educación para la sostenibilidad con un enfoque integral de centro y cómo incluir criterios de sostenibilidad en distintos ámbitos. En cada uno se sugiere qué se puede hacer, se proponen preguntas para la reflexión y se presentan buenas prácticas de centros que ya han dado pasos para su transformación. Se puede descargar gratuitamente (disponible en castellano, catalán e inglés) *https://bcnroc.ajuntament.barcelona.cat/jspui/handle/11703/128412*

- El Centro Nacional de Educación Ambiental (CENEAM) ofrece al profesorado formación y recursos para la educación ambiental. Su página web pone a su disposición un amplio abanico de materiales. Entre ellos, se puede descargar la **Guía de recursos educativos sobre cambio climático: + 3 a 18 años y profesorado, que propone libros** revistas, juegos, webs, aplicaciones, vídeos, etc., organizados por etapas educativas. *https://www.miteco.gob.es/es/ceneam/recursos/materiales/guia-recursos-educativos-cambio-climatico.html*

La sociedad educadora

El espacio educativo se expande mucho más allá de las instituciones escolares. Nuestro aprendizaje no se limita a las aulas, sino que se extiende a todos los aspectos de la vida cotidiana y a la interacción con el entorno. El pueblo, la ciudad o el barrio donde vivimos integra la educación en diversos aspectos de la vida diaria, como el medio ambiente, la participación cívica y el desarrollo comunitario. El aprendizaje ocurre en cualquier momento, en cualquier lugar y a lo largo de toda la vida y determina en buena parte nuestra manera de entender la ciudadanía.

Ciudades educadoras

Una «ciudad educadora» busca involucrar a la comunidad en la creación de un ambiente propicio para el aprendizaje, donde la ciudad misma se convierte en un recurso educativo. El Movimiento de Ciudades Educadoras se originó en el marco de la Asociación Internacional de Ciudades Educadoras, una red global fundada en Barcelona en 1990. La red promueve la idea de que las ciudades son centros de aprendizaje y fomenta un enfoque integral de la educación que involucre a la comunidad en su conjunto.

En este sentido, Bronwyn Hayward, que ha investigado sobre la educación y participación de los jóvenes en asuntos ambientales en Nueva Zelanda, insta a reflexionar sobre las maneras, muy diferentes, en que los niños y niñas ven su ciudadanía y su relación con el entorno social y cómo estas modelan su respuesta en términos de ecoansiedad y de compromiso. Ella identifica tres modelos de ciudadanía ambiental, que denomina FEARS, SMART y SEEDS.

El modelo FEARS (acrónimo que nos remite a los miedos, *fears* en inglés) se caracteriza por la Frustración, la Exclusión, el Autoritarismo, la justicia Retributiva y el Silenciamiento. En este tipo de marco social los jóvenes se sienten excluidos y piensan que no tienen posibilidad de hacer cambios en su entorno. En esta situación, ciudadanos de todas las edades buscan a menudo un liderazgo autoritario, alguien que resuelva las cosas por todos, y las habilidades para afrontar problemas se reducen a la búsqueda enojada de una persona o un grupo a quien culpar. Además, existe un riesgo mayor de creer en teorías de conspiración o desinformación. Los niños que crecen en este marco no pueden ni siquiera imaginar cómo transformarlo y no puede extrañarnos que sientan miedo e impotencia.

Hay jóvenes con experiencias más positivas, en lo que Hayward denomina modelo SMART de ciudadanía ambiental (acrónimo de *Self-help agency* [autoayuda], participación en el Mercado, justicia A priori, democracia Representativa y transformación Tecnológica). En este contexto los niños y niñas aprenden a verse a sí mismos como solución a los problemas, aunque no a pensar críticamente sobre sus causas, asumen la responsabilidad personal y sienten que pueden actuar a nivel individual, principalmente a través de acciones como reciclar o comprar productos más ecológicos. Este modelo alienta a los jóvenes a desarrollar ideas contractuales de justicia, es decir, aprenden a actuar esperando que los demás también hagan su parte («lo haré, si tú lo haces»), y a pensar que ser un buen ciudadano significa votar regularmente. En cuanto a la imaginación política, se les invita especialmente a centrarse en la transformación tecnológica. Hayward sostiene que, aunque necesitamos ciudadanos responsables y pensadores innovadores, este tipo de formación ciudadana genera un ambientalismo débil, en el que los jóvenes pueden sentirse solos, abrumados y sin recursos ante los problemas complejos, como el cambio climático, y no aprenden a cuestionar las causas subyacentes de la injusticia ambiental y social.

Algunos jóvenes tienen la oportunidad de desarrollar su ciudadanía de una manera que ofrece bases más prometedoras en tiempos de cambio climático. Hayward ve estas experiencias como las SEEDS (semillas) de una fuerte ciudadanía ecológica. Siguiendo las siglas, está basada en agencia Social, Educación ambiental, justicia integrada (*Embedded justice*), Deliberación descentrada y autotrascendencia (*Self-transcendence*). Este marco promueve la acción colectiva, la comprensión científica y cultural del entorno, la toma de decisiones justas, la discusión respetuosa y la visión a largo plazo. Aprender cómo actuar con los demás es vital frente a los problemas climáticos, ya que abordarlos individualmente puede hacernos sentir agotados o impotentes, como ya hemos tenido ocasión de comentar. También hay que cultivar habilidades para abordar la «justicia integrada» (o cotidiana), es decir, aprender a tomar decisiones justas en un planeta de recursos limitados. Los niños necesitan arraigar en su entorno, aprender a discutir los problemas y escuchar opiniones que pueden ser distintas a las suyas, expandiendo las propias preocupaciones más allá del yo individual. Reconocerse como ciudadano significa observarse perteneciendo a un sistema social y político. Este sentido de pertenencia, que se nutre con las relaciones cercanas y la experiencia del buen vivir con otros, es el que posibilita mejorar juntos el propio entorno e imaginar juntos un mundo mejor.

El trabajo de Hayward nos invita a reflexionar sobre qué tipo de ciudadanía impulsamos y aporta orientaciones muy útiles para quienes educan a los jóvenes, tanto para ayudar a comprender la influencia del contexto social en que los chicos crecen, como para configurar ambientes educativos favorables, en la escuela o en contextos de educación no formal.

Capítulo 17

DANDO FORMA AL FUTURO. ESPERANZA Y COMPROMISO

El futuro no está escrito

En los años 60 mi abuelo me advertía frecuentemente de que en el año 2000 se acabaría el mundo. La angustia que me causaba esta idea no es nada comparada con el pavor que me producía la descripción de los horrores que iban a provocar el final de la humanidad. Recuerdo vivamente cómo la niña que yo era calculaba cuántos años tendría cuando sucedieran todas aquellas desgracias. Lamentaba que a mis 40 años probablemente aún estaría viva y me tocaría sufrir el llanto y el crujir de dientes que mi abuelo no se cansaba de pronosticar. Dudo de que él fuera consciente de cómo yo recibía estos mensajes, seguro que le movía solo la voluntad de asegurarse de que el día del juicio final me encontrara en el lado de los buenos. ¡Pero me aterrorizaba! No recuerdo cuánto tiempo me duró el desasosiego, pero sé que fue mi abuela quien me tranquilizó: «El abuelo tiene sus creencias —me dijo—, pero el futuro no lo ha visto nadie».

Efectivamente, el futuro no está escrito. Lo estamos escribiendo ahora. Cómo será, depende de lo que hagamos.

Muy a menudo oímos hablar de colapso. Aunque la idea pueda estar justificada por la situación, quedarnos atrapados en ella puede resultar muy desmovilizador. Si nos representamos el cambio climático mediante imágenes apocalípticas del planeta, experimentamos un temor profundo al pensar en nuestro futuro, o en el de nuestros hijos y nietos, y esta visualización no nos beneficia para nada; más bien genera ansiedad y podría llevarnos a la conclusión equivocada de que la única forma de aliviarla es rendirnos.

El constante enfoque en la catástrofe puede generar desánimo y falta de acción en lugar de motivar a las personas a abordar los problemas. ¡Y necesitamos ser muchos, haciendo todo lo posible, para conseguir los mejores resultados! Da que pensar que, a veces, los mismos que antes decían «no pasa nada» ahora dicen «ya no hay nada que hacer».

Vale la pena cultivar la idea de que hay muchos futuros posibles. Que algunos de ellos sean muy malos no significa que debamos rendirnos.

Yuval Harari, en *21 lecciones para el siglo XXI*, propone «bajar el tono de las profecías en torno al fin del mundo y cambiar del modo «pánico» al modo «desconcierto»». Dice que el pánico es una forma de arrogancia, que procede de la sensación prepotente de saber exactamente hacia dónde se dirige el mundo, mientras que el desconcierto es más humilde y por tanto tiene una visión más clara.

Cambiar es posible

Los antropólogos sostienen que las culturas son flexibles y todos lo hemos experimentado: las cosas cambian. Hace cien años las mujeres no votaban y era impensable que se pusieran unos pantalones. Hace cincuenta años el divorcio era ilegal en España, se fumaba en los cines. En mi ciudad, Barcelona, hace solo veinte años, echábamos los residuos a un vertedero humeante en la sierra de Garraf, que hoy es un parque natural, en la ciudad no había carriles bici, hoy hay 270 km. A lo largo de la historia, la acción de grupos de personas aparentemente sin poder ha transformado el mundo, desafiando prejuicios seculares y reclamando derechos.

Cambiar es posible y podemos aprender a reconocer dónde están las posibilidades y cuál debe ser nuestro papel. El sociólogo y activista George Lakey se lo plantea de esta manera: «Puedo dejar que los periódicos me digan cómo será mi vida o puedo decidirlo por mí mismo». Podemos ganar el futuro con acción y esperanza.

La esperanza es un hacha

Escribe la escritora y activista Rebeca Solnit que «la esperanza no es como un billete de lotería, con el que puedes sentarte en el sofá y esperar tener suerte; la esperanza es un hacha con la que romper puertas en caso de emergencia».

La esperanza no niega la realidad, no es una expectativa de que las cosas mejorarán por sí solas, no es un golpe de suerte aleatorio. Es una herramienta activa, un «hacha», que se utiliza con esfuerzo consciente para hacer frente a las dificultades, especialmente en situaciones críticas. En momentos difíciles, la esperanza se convierte en la fuerza impulsora que nos permite romper barreras y superar obstáculos. La metáfora sugiere determinación, coraje y capacidad de tomar medidas decisivas.

Porque no es verdad que no podamos hacer nada. Hay cosas que no están en nuestras manos, pero tenemos capacidad de acción, de cooperación y de exigencia. Tenemos capacidad de producir un impacto y sabemos que sí importa lo que hagamos.

Siguiendo nuevamente a Solnit, se trata de «reconocer que lo improbable es posible, igual que lo probable no es inevitable. Entender que difícil no es lo mismo que imposible. Planificar y aceptar que lo imprevisto a menudo desbarata los planes, para lo bueno y para lo malo. Saber que los poderosos tienen sus debilidades y que los que se supone que son débiles tienen gran poder juntos».

Hay una estrecha relación entre esperanza y compromiso. La esperanza conduce a la acción y la acción también conduce a la esperanza.

No es demasiado tarde

Existe cierta narrativa que dice que es demasiado tarde para actuar. Ese discurso puede convertirse en una profecía autocumplida si desalienta y paraliza a las personas. Rechacemos de plano la resignación, porque no es demasiado tarde.

Cada acción exitosa en la mitigación del cambio climático contribuye a disminuir el impacto sobre la humanidad. Incluso si no logramos evitar ciertas consecuencias, como por ejemplo detener el aumento del nivel del mar, aún podemos actuar para prevenir algunos de los peores efectos sobre las poblaciones que las padezcan.

El mensaje central del informe del IPCC 2022 es claro y contundente: el futuro del calentamiento global está en nuestras manos. Las emisiones acumuladas a lo largo de la historia ya han elevado la temperatura del planeta en aproximadamente 1,2 °C por encima de los niveles preindustriales y existe la preocupación de que, de continuar con la tendencia actual, superaremos el límite de 1,5 °C de incremento establecido en el Acuerdo de París. Sin embargo, el informe enfatiza que aún podemos evitar los peores escenarios si tomamos decisiones audaces y reducimos drásticamente las emisiones. La capacidad de revertir el calentamiento y proteger nuestro hábitat está en las decisiones que tomemos hoy en día.

¿Nos cruzaremos de brazos y diremos que ya es tarde?

El desafío es monumental, pero cada acción cuenta y tenemos oportunidad para actuar. Todo lo que podamos, lo antes posible.

Capítulo 18

CUIDAR DE TI Y DEL PLANETA EN TIEMPOS DE CAMBIO CLIMÁTICO

«Somos personas cambiadas por el clima», afirma Blanche Verlie, educadora e investigadora sobre el cambio climático. La crisis y las emociones que genera están aquí para quedarse. La tarea es aprender a vivir con ellas, no negarlas.

Hemos visto la ecoansiedad como una reacción natural a la crisis ambiental. Una respuesta que debemos escuchar y regular. Hemos identificado algunas estrategias que pueden ayudarnos en este proceso y que tienen que ver con nuestro autocuidado, con fomentar aquello que nos hace sentir bien y, sobre todo, con buscar alianzas y apoyo en nuestro entorno. Así estamos en disposición de pasar a la acción y sentirnos piezas útiles en la lucha contra el cambio climático, desde reducir el impacto de nuestra vida cotidiana, a emprender proyectos comunitarios o a hacernos activistas para reclamar políticas ambientales sólidas.

La ecoansiedad llama a un aumento de la conciencia y la movilización para abordar los problemas ambientales y contribuir a la construcción de un futuro esperanzador. A su vez, conectarse con comunidades donde compartir inquietudes y pasar a la acción ayuda a aliviar la ecoansiedad.

Nos toca aceptar la propia responsabilidad y nos conviene mantener una perspectiva saludable, sin caer en la desesperación. Esto implica aprender a sostener emociones difíciles y a vivir con ambivalencia, es decir, reconocer la gravedad de la situación y, al mismo tiempo, encontrar formas de alimentar la motivación para abordarla de manera activa. Se trata de alcanzar la calma mientras navegamos en la tormenta.

- Elena se ha unido a un grupo de «madres por el clima» comprometidas en proteger el futuro de los hijos protegiendo la salud del planeta. En el colectivo comparten también emociones, pensamientos e ideas de actuación.
- Daniel duerme mucho mejor desde que pasa menos tiempo mirando noticias de catástrofes y se ha unido a la Alianza por la Justicia climática, una red de activistas que desafía a los gobiernos y a la industria para que tomen medidas decididas frente al cambio climático.
- Héctor optó por evitar discutir con su padre y dejó de darle lecciones. Al liberar la presión, descubrió que ambos compartían la preocupación por la sequía y, juntos, están implementando cambios en casa para ahorrar agua.
- Rita ha decidido usar su cuenta de Instagram para divulgar acciones concretas sobre cómo reducir emisiones y frenar el cambio climático, e invita a los seguidores a compartir también sus buenas prácticas.
- Amir ha comprendido que debe cuidar su salud. Ha mejorado notablemente desde que sale a correr por el campo y pasa menos tiempo pegado al móvil. Este fin de semana participará en una carrera popular de *plogging*, el deporte sueco que combina correr con recoger basura.
- Toni se ha sumado a una red de profesores donde encuentra apoyo emocional, oportunidades de intercambio de ideas y experiencias, formación y recursos para desempeñar su tarea en educación ambiental y en la prevención de la ecoansiedad de los estudiantes.

- María se inscribió en un programa de ciencia ciudadana que hace seguimiento de las comunidades submarinas para investigar cómo evolucionan y poder implementar medidas de protección y restauración.
- Leo convocó una reunión en su club excursionista para abordar el estado de los bosques en la comarca. Surgieron diversas ideas y decidieron comenzar con una caminata popular por el bosque y una exposición fotográfica, para compartir el problema con la gente del pueblo y concienciar sobre las consecuencias del cambio climático.
- Fátima participó en un taller sobre ecoansiedad, donde no solo pudo expresar y compartir sus emociones, sino que también adquirió herramientas concretas para regularlas. Se conectó con personas nuevas y están viéndose para explorar oportunidades de voluntariado juntas.
- Julia se ha propuesto inspirar a sus amigas, mostrándose activa y contenta. Les pasa información y las invita y anima a participar en actividades, pero no las persigue. Entiende que lo que ellas decidan hacer es responsabilidad de ellas.
- Eric se ha hecho socio de una cooperativa agroecológica. Siente que no solo modifica sus hábitos de consumo, sino que la cooperativa transforma, aunque sea a pequeña escala, el sistema de producción, distribución y consumo de alimentos.
- Eva se sumó al grupo local de Extintion Rebellion y está absolutamente comprometida en acciones de protesta para llamar la atención y agitar a la opinión pública para luchar contra el cambio climático.
- Claudia ha decidido pasar a la acción climática como presidenta de la comunidad de vecinos. Presentó los beneficios de instalar paneles fotovoltaicos en la azotea y logró el consenso de todos para colocarlos y repartirse la energía generada.
- Yo escribí este libro. Por si puede inspirarte y alentarte.
- **Y tú, ¿qué harás?**

AGRADECIMIENTOS

Quiero dar las gracias a mis primeros lectores, Pep Canadell, Fina Recasens, Txema Castiella, Ivette Antoni, Laia Fidalgo, Albert y Clara Beltran, personas queridas que, junto a valiosas sugerencias, me brindaron su tiempo, su apoyo y su complicidad.

También quiero expresar mi gratitud a Rebecca Lee Kunz, Elizabeth Illing, Carme Dapena y Ombeline Dequit, que han tenido la amabilidad de autorizar la reproducción de sus obras artísticas en este libro.